鼓楼
民国建筑
揽胜

南京市鼓楼区文化和旅游局 编著

凤凰出版社

图书在版编目（CIP）数据

鼓楼民国建筑揽胜 / 南京市鼓楼区文化和旅游局编著. -- 南京 : 凤凰出版社, 2022.10
ISBN 978-7-5506-2973-8

Ⅰ. ①鼓… Ⅱ. ①南… Ⅲ. ①建筑物－介绍－南京－民国 Ⅳ. ①TU-092.6

中国版本图书馆CIP数据核字(2019)第123531号

书名	鼓楼民国建筑揽胜
编著	南京市鼓楼区文化和旅游局
责任编辑	顾　娟　王淳航
出版发行	凤凰出版社(原江苏古籍出版社) 发行部电话025-83223462
出版社地址	江苏省南京市中央路165号,邮编:210009
印刷	南京新世纪联盟印务有限公司 江苏省南京市建邺区南湖路27号春晓大厦5楼,邮编:210017
开本	889毫米×1194毫米　1/12
印张	19
版次	2022年10月第1版
印次	2022年10月第1次印刷
标准书号	ISBN 978-7-5506-2973-8
定价	380.00元

(本书凡印装错误可向承印厂调换,电话:025-68566588)

序

鼓楼区位于南京市中心，得名于1382年所建的鼓楼亭。现为江苏省委、省政府所在地，是一个古典与时尚荟萃、历史与现代交融、精致与美丽辉映的宝地，更是现代城市旅游的最佳目的地。

鼓楼是南京文明的摇篮，拥有龙蟠虎踞之雄，依山带水之胜，山、水、城、林、江浑然一体。漫游鼓楼，您可以崇古访幽，休闲观景。寻历史之遗踪，观文物之丰富，闻传奇之神秘，觅掌故之演绎，思圣贤之哲学，享都市之繁华。

古老的鼓楼，历史悠久，文化灿烂。6000多年前新石器时代的北阴阳营就聚居着南京的初民；公元前333年楚威王在石头山所建的金陵邑，为南京历史上建置之始；公元212年孙权所建的石头城遗址堪称南京的象征；拥有1700多年历史的乌龙潭曾被誉为“南京小西湖”；600多年前的宝船厂为当时世界最大的皇家造船厂；大马路街区乃是100多年前南京的CBD，可谓是中国近代第一商埠街区；颐和路民国建筑群不愧为中国近现代建筑的瑰宝，号称“万国建筑博览馆”；孙中山、李宗仁、蒋纬国、陈布雷、于右任、张治中、马歇尔、徐悲鸿、傅抱石等名人旧居在诉说着岁月沧桑……

美丽的鼓楼，风光旖旎，精致如画。浩瀚长江倚肩而过，美丽秦淮穿境而流，巍峨城墙蜿蜒屹立，中山大道横贯南北，构成了鼓楼旅游“一轴两带”的瑰丽画卷(中山大道民国历史文化中心轴、滨江风光带、明城墙一外秦淮河风光带)。清凉山“石城虎踞”，清凉问佛名甲四方；明城墙“鬼脸照镜”，美丽传说源远流长；鼓楼公园“闹市藏幽”，于无声处闻鼙鼓心旷神怡；外秦淮河碧波荡漾，乘画舫水中观景悠然自得；阅江楼“狮岭雄观”，长江胜境一览无余；幕府山“幕府登高”，仁者乐山风光无限；五马渡“化龙丽地”，智者亲水诗意无穷；渡江胜利纪念馆红帆闪耀，百万雄师英勇气概感天动地；长江大桥飞架南北，中国人民独立自主的豪迈精神气壮山河；江苏第一高楼紫峰大厦、江苏广播电视塔极目远眺，金陵雄姿万种风情尽收眼底；古林公园、国防园、绣球公园、小桃园等景观都是您休闲游玩的好去处。

民国官府建筑
GOVERNMENT BUILDINGS OF THE REPUBLIC OF CHINA

民国使馆建筑
EMBASSY BUILDINGS OF THE REPUBLIC OF CHINA

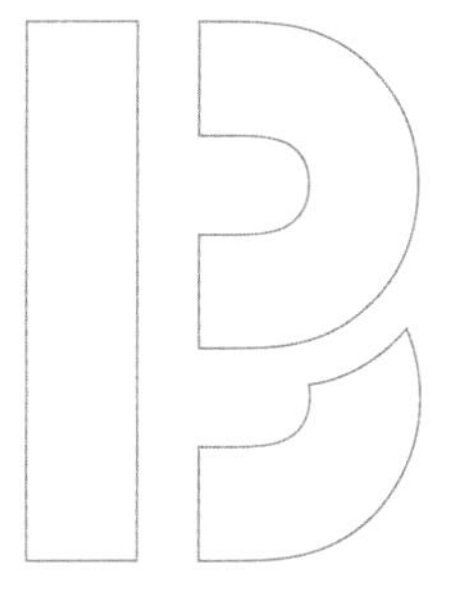

民国公馆建筑
MANSION BUILDINGS OF THE REPUBLIC OF CHINA

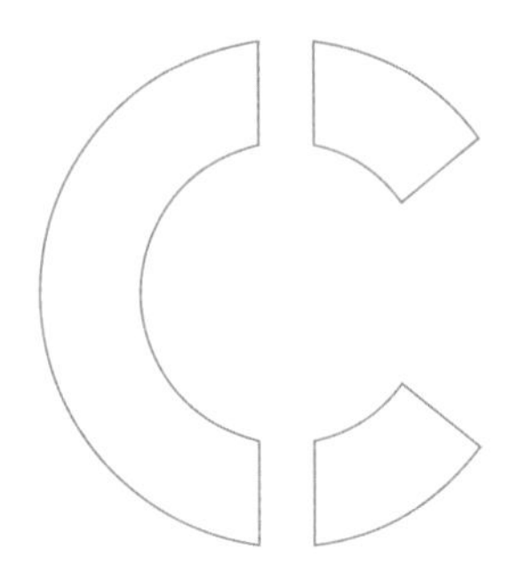

科教文卫类

交通、服务业、企业类

民国公共建筑

PUBLIC BUILDINGS OF THE REPUBLIC OF CHINA

鼓楼区颐和路

GOVERNMENT
BUILDINGS
OF THE REPUBLIC
OF CHINA

鼓楼区

民国官府建筑

中国国民党中央党部（中华民国临时政府参议院）旧址

中国国民党中央党部
（中华民国临时政府参议院）
旧址

中国国民党中央党部（临时政府参议院）旧址位于南京市鼓楼区湖南路 10 号。这里原为清朝江苏咨议局，1909 年所建，孙支厦设计，高二层，法国宫殿式风格，吸取了西方议会的建筑特色，砖木结构，外表以清水砖墙为主，圆拱形窗上部用红砖发券，外观造型上强调屋顶的起伏和轮廓变化，**体现了法国文艺复兴时期的建筑样式。主楼建筑坐北朝南，东西长70余米，建筑面积约5600平方米，**有房屋 8 幢 539 间；占地面积 78920.39 平方米。这是中国近代建筑史上，最早由中国建筑师设计、中国建筑工程司承建的仿西方古典式建筑代表作之一，具有端庄、肃穆、简洁、明快的气息。

1911 年辛亥革命后，各省起义代表云集于此，推举孙中山为中华民国临时政府大总统，江苏咨议局建筑也改成中华民国临时参议院，林森任议长。1912 年 3 月 11 日，《中华民国临时约法》也在此诞生。1927 年 4 月 18 日，国民政府定都南京，这里成为国民党中央党部所在地。由于原有建筑不能满足需要而又予扩建，占地面积有所增大。1935 年 11 月 1 日，这里发生晨光通讯社记者、爱国志士孙凤鸣刺杀汪精卫的事件。1937 年南京沦陷前，国民党中央党部西迁。1940 年，汪伪政府在南京组织伪国民政府，这里又成了汪伪的军事训练部、侨务委员会、边疆委员会、赈务委员会、社会部、军政部等机构驻地。1945 年抗战胜利后，国民党中央党部迁回此处。

南京解放后，该建筑的大门牌坊和门口的弧形照壁在拓宽马路时被拆。1982年，该建筑被列为第一批南京市文物保护单位，1991年又被国家建设部、国家文物局列为近代优秀建筑，2001年7月被列为全国重点文物保护单位，现为江苏省军区办公楼。

国民政府行政院旧址（国民政府铁道部旧址）

国民政府行政院旧址（国民政府铁道部旧址）位于南京市鼓楼区中山北路 252 号、254 号。该建筑先为国民政府铁道部办公地，由铁道部建设。孙科任铁道部部长时，购地 69082 平方米，兴建办公楼，由著名建筑师陈植、范文照等设计，上海华盖建筑师事务所承建，1929 年奠基，1933 年 5 月建成，建筑面积 8503.7 平方米。建筑为中国传统宫殿式，面朝西北，为钢筋混凝土结构的仿古建筑。建筑平面呈“一”字形，建筑主体为三层，另有一层地下室，两侧为二层建筑及一层建筑，建筑之间用通廊联接，单檐翘角，外观采用清代宫殿式屋顶形式，正脊兽吻一应俱全。竣工后至 1937 年，为国民政府铁道部使用。国民政府行政院办公处最初在长江路，1937年全面抗战爆发，行政院随国民政府迁至重庆。抗战胜利后，国民政府回迁，行政院安置在原铁道部办公处，也即此地。1945年至1949年，这里为国民政府行政院办公楼。先后设有内政、外交、国防、财政、教育、农林、工商、交通、社会、水利等15个部和侨务等3个委员会，国民政府行政院于1928年建立，谭延闿、宋子文、蒋介石、孙科、汪精卫、孔祥熙、张群等先后担任院长。

位于中山北路 254 号的国民政府行政院附属建筑为 3 幢造型相同的中西合璧式二层建筑、2 幢仿古传统建筑。中西合璧式的二层建筑每幢建筑面积 529 平方米，2 幢仿古传统建筑每幢建筑面积 576 平方米，均建于 20 世纪 30 年代初期。

南京解放后，这里由军管会接管，后移交当时的南京政治学院。2001 年，该建筑被列为全国重点文物保护单位。

办公楼

国民政府立法院、监察院旧址

国民政府立法院、监察院旧址位于南京市鼓楼区中山北路105号。该建筑由著名建筑学家童寯设计，建于1937年初，院落占地面积6797平方米，建筑面积3876平方米，钢混结构，歇山顶小瓦屋面，两侧附楼为歇山顶，正大门为突出门廊。主建筑坐西朝东，为青砖平瓦二层3幢218间办公房，加上附属建筑，共有房屋330间，中西合璧式风格。

抗战前，这里是国民政府法官训练所。1938年3月，大汉奸梁鸿志建立“中华民国维新政府”，这里成为“督办南京市政公署”。1940年3月，汪伪政府建立后，这里成为“南京特别市政府”办公处。抗战胜利后，国民政府还都南京，这里成为国民政府立法院办公地点。国民政府监察院在此处建成后即从复成桥东、公园路旁的原办公处迁入，后西迁重庆，抗战胜利后复迁回此地，与国民政府立法院在此同一地点办公。

国民政府立法院成立于1928年10月，在白下路办公，下设文秘、编译、统计3个处，原由特任秘书长负责管理，并置法制、财政、经济、

外交、军事 5 个专门委员会，历任院长为胡汉民、林森、张继、孙科、童冠贤。国民政府的立法集中体现在《六法全书》这部法典中，为此国民党内各派争论不休，而首任院长胡汉民和蒋介石在围绕独裁统治这一焦点问题上争斗激烈，蒋介石为此还软禁了胡汉民，上演了历史上有名的“汤山事件”。

国民政府监察院成立于 1931 年 2 月，设院长、副院长各 1 人，办事机构有秘书处、参事室、会计处、统计室和人事室，是中华民国最高监察机关，历任院长有蔡元培、赵戴文和于右任。于右任在政界、书法界以及文坛都享有盛名，一生经历坎坷而又富有传奇，于 1931 年后长期担任监察院院长。于右任任监察院院长后，痛下决心整顿吏治，但事与愿违，他因此气愤且无可奈何。实际上，国民政府监察院只不过是国民政府装潢门面的招牌。曾担任过院长的蔡元培在 1932 年与宋庆龄、鲁迅等发起组织“中国民权保障同盟”，致力于营救爱国学生和民主人士的工作。抗战爆发后，蔡元培任上海文化界救亡协会国际宣传委员会委员，为抗战呼吁国际舆论的支持。

新中国成立后，国民政府立法院、监察院旧址为当时的南京军区军人俱乐部使用，目前保护状况较好，2006 年被列为江苏省文物保护单位。

国民政府司法部大门（国民政府司法院旧址）位于南京市鼓楼区中山路 251 号。国民政府司法院于 1928 年 11 月 16 日成立，初在中山北路 269 号院内办公，而隶属该院的国民政府司法行政部却于 1928 年 11 月 12 日成立，早先也不在此办公，1935 年现址建筑落成后，司法院和司法行政部均迁至此处办公。

该处建筑始建于 20 世纪 30 年代，有房屋 16 幢 108 间，占地 15056 平方米，是一幢南北走向的灰色大楼，为西式三层砖木混凝土结构，中间主楼为半球形拱顶，上镶有自鸣钟 1 座，顶上竖有旗杆，两侧为辅楼，楼前是两个对称的花园。耸立于主楼门前的是古典欧式建筑风格的旧式门楼，坐西朝东，为三进门，中间小两边大，顶部饰以图案花纹，8 根硕大的希腊立柱使大门显得庄重典雅、威严挺拔、气势非凡。1949 年 4 月南京解放前夕，一场莫名大火席卷了整个院落，建筑被焚毁，唯留大门至今仍保持着原貌。

国民政府司法部大门
（国民政府司法院旧址）

国民政府司法院是全国最高司法行政机关，主要职责是“掌理司法审判、司法行政、官吏惩戒以及行政审判”，历任院长有王宠惠、伍朝枢、居正等。其中，居正是一位极有影响的大法官，先后3次出任司法院院长、副院长，两度兼任最高法院和中央公务委员会委员长。国民政府司法院在司法审判和司法培训上卓有成效，特别是在法官训练方面成绩尤其突出，在组织建设、机构建设等方面也都初具规模。国民政府司法行政部隶属国民政府司法院，负责管理全国司法行政事务，先后有魏道明、张知本等人担任过部长之职。

目前，该处为南京市供电局使用，院内建筑均为后建。幸运保存下来的原门楼，被列为南京市文物保护单位。

国民政府交通部旧址位于南京市鼓楼区中山北路303号。始建筑于1930年，1933年（一说1934年）建成，由陶馥记营造厂和基泰建筑事务所承建。大楼建筑平面呈“日”字形，外形为中国传统宫殿式，钢筋混凝土仿木结构，整个建筑中间为四层，左右两翼为三层，主楼与附属楼中有天井各一，建筑面积18933平方米，楼内设置齐全，建筑的檐口、墙面、门窗及入口部分侧重点等，均以中国传统构件装饰，并辅以适度传统花纹图案。整座建筑气势恢宏，原为大屋顶，抗战全面爆发初期屋顶被烧毁，后改建为平屋顶钢筋混凝土结构。

国民政府交通部旧址

国民政府交通部成立于1927年，主要职能为规划、建设、管理和经营全国铁路、公路、航空、电信、邮政，以及监督公有、民营交通企业，历任部长为王伯群、陈铭枢、朱家骅、俞飞鹏、张嘉璈、曾养甫、俞大维、端木杰。首任交通部部长王伯群主持建设了南京的主要干道——中山大道，后又在全城辟建48条干道，最出色的还有“京杭国道”的建成，加强了南京、杭州两地的经济交流，拉开了近代江苏公路网建设的序幕。而此交通部大楼工程的建设，却是在朱家骅担任部长时展开的，交通部原在华侨路的一组普通平房办公。

南京解放后，国民政府交通部旧址建筑由军管会接管，1980年移交给当时的解放军南京政治学院，现保护状况较好，于2001年被列为全国重点文物保护单位。

高鴻樓
南京

国民政府外交部旧址位于南京市鼓楼区中山北路32号。该建筑始建于1927年5月，由上海华盖建筑师事务所赵深、童寯、陈植设计，姚新记营造厂承建。1934年3月开工，次年6月竣工。现存办公楼平面呈“T”字形，建筑面积5050平方米；钢筋混凝土结构，坐北朝南，中间四层，两翼三层，另有地下室，平屋顶，立面设计以西方文艺复兴时勒脚、墙身、檐部“三段式”划分，细部设计为中国传统装饰，内饰天花、油彩瓦、藻井等；外墙饰以褐色泰山面砖，檐口用同色琉璃砖做成简化的斗拱；墙和地板以空心砖砌成，以利隔音。整座建筑的平面设计与立面构图基本采用西方现代派建筑手法，同时结合中国传统建筑的特点。此外，大楼入口处加一宽大的门廊以强调中心的位置，造型端庄，气势宏伟，体现了新民族形式的建筑风格，是中国新民族建筑形式的典范之作。

1928年10月，国民政府实行五院制，外交部隶属于行政院，其主要职能是国际交涉、管理国外华侨留在中国的事务，同时兼管驻外使领馆，历任外交部长有伍朝枢、黄郛、王正廷、施肇基、顾维钧、罗文干、汪精卫、张群、宋子文、王世杰等人。

全面抗战爆发后，外交部随政府迁至重庆。日军占领南京后，原外交部建筑成为侵华日军中国派遣军总司令部所在地，侵华日军总司令冈村宁次就在这里办公。抗战胜利后，外交部迁回原址。1949年4月南京解放，解放军军管会接管外交部，外侨事务处处长黄华为军代表处理相关事务。之后，此建筑先后又为当时的解放军华东军区司令部、江苏省委、南京市委和江苏省人大等单位使用，2001年被列为全国重点文物保护单位。

国民政府外交部旧址

国民政府联勤总部大门（国民政府军政部、联勤总部旧址）位于南京市鼓楼区中山北路212号。该建筑于1935年建成，当时建有钢混结构的西式二层楼房、西式平房共328间，建筑面积15095平方米。如今，这些建筑已被拆除，代之而起的是现代化多层建筑，唯有当年门楼存在，旧貌依然。门楼为西式风格，三开间且中间高两侧底，形成一个拱券门，高8米，宽3.5米，进深4米，两侧各辟有一个长方形边门，正面为水泥外墙饰面，背面为青砖，上部有雕花装饰。整个门楼布局对称、美观、大气。

抗战以前，这里是国民政府军政部所在地，1946年5月国民政府成立联合后方勤务总司令部，简称联勤总部，在此办公。

国民政府联勤总部大门

（国民政府军政部、联勤总部旧址）

国民政府军政部成立于1928年11月，直隶行政院，掌理全国陆海空军行政事宜，内设总务厅、陆军署、海军署、航空署、军需署、兵工署等机构，后在职能上有所变更。军政部设有部长1人，政务次长、常务次长各1人，冯玉祥、鹿钟麟、何应钦、陈诚先后担任部长。1946年6月，国民政府军事机构改组，军政部被裁撤。据《东史郎日记》记载，1937年12月南京沦陷后，军政部办公地成为东史郎所在的侵华日军部队的驻地。

1946年，国民政府根据美国顾问的建议，对军事机构进行改组，于5月成立联合后方勤务总司令部，受参谋总长直接指挥，设总司令1人、副总司令2人、参谋长1人、副参谋长2人，下辖1室8署13处和1个宪兵司令部，即总司令办公室、运输署、通信署、经理署、财务署、兵工署、工程署、军医署、特种勤务署，以及人事处、情报处、勤务处、补给处、训练处、研究发展处、总务处、监察处、军法处、政工处、预算处、副官处和抚恤处等。首任总司令黄镇球，第二任总司令郭忏。1948年8月，联勤总部被撤销，所属机构划归国防部直辖。

南京解放后，国民政府联勤总部为军事单位使用，现为中国人民解放军东部战区政治部干休所，旧址遗存的大门被列为南京市文物保护单位。

国民政府海军总司令部旧址

（江南水师学堂遗迹）

国民政府海军总司令部旧址（江南水师学堂遗迹）位于南京市鼓楼区中山北路 346 号。此建筑为清代建筑遗存，是清末所建的江南水师学堂旧址。1912 年，国民政府海军总司令部即成立于此处，其机构后虽有变迁，但却未搬移，且多有建设。国民政府海军总司令部旧址，占地面积 6000 余平方米，建筑面积 20000 平方米，有房屋 72 幢 461 间，现尚存英籍教官楼、长廊 4 跨、东西四合院式寝室、讲堂 5 间及半边亭等遗存，另有 1 座巨大的巴洛克风格牌坊。1988 年在原址上复建总办楼、轿厅、厂房、高官办公用房等建筑，西侧的 1 幢厂房长 23.5 米，宽 8 米，高约 7.2 米；中区保存 1 幢办公用房，坐西朝东，二层砖混结构，长 40 米，宽 11.5 米，高约 6.7 米。现保存完好的大门是典型的欧洲巴洛克风格，坐北朝南，砖混结构，平面呈圆弧形，均匀分布着 10 根装饰门柱，牌楼正中设有倾向两侧的层层退台，饰有精致的曲线漩涡花纹。牌楼前两侧各有 1 只石狮，傲然挺立，庄重威严。

江南水师学堂于 1890 年开设，主要为南洋水师输送人才，毕业生中著名人物有林建章、杜锡圭、陈季良、陈绍宽、赵声等。1898 年 4 月，18 岁的鲁迅考入该学堂管轮科就读，后转到江南陆师学堂附设矿务铁路学堂。辛亥革命后，江南水师学堂停办。江南水师学堂是我国近代史上“洋务运动”的重要遗迹之一，具有很高的历史价值。

1937 年 11 月，海军部机关从南京迁至武汉，这里后为汪伪政府海军部占用，汪精卫一度亲兼海军部部长。而此时国民政府撤销了海军部，改设海军总司令部，由陈绍宽担任总司令。1939 年 1 月海军总司令部又西迁重庆，直到抗战胜利后国民政府还都南京才迁回原址。1946 年国民政府又撤销了海军总司令部，并在军政部下设立海军处，由陈诚担任处长。不久，海军总司令部又在改组中重建，新组建的海军总司令部设总司令、副总司令各 1 人，下设总司令办公室、研究委员会、6 署、8 处和 1 个统计室，另直辖有作战部队和学校等。其主要职责是负责海军人才的培养、海军国内外情报的收集、海防计划和实施、海军各机构编制和筹建，以及与海军有关的科学技术的发展与研究等事宜。改组后的第一任海军总司令为陈诚，但不久即被桂永清所取代。

南京解放后，人民解放军在此成立华东军区海军学校，后扩建为海军联合学校。后来，这里先后为海军预科学校、海军技术学校、海军军械学校、中国船舶工业总公司舰船研究院（即南京船舶雷达研究所）等单位所在地。1982 年，该处建筑被列为江苏省文物保护单位。

国民政府最高法院旧址

国民政府最高法院旧址位于南京市鼓楼区中山北路 101 号，该建筑由著名建筑师过养默设计，东南建筑公司承建，1932 年 7 月开工，1933 年 5 月建成。总体院落占地面积 18923 平方米，建筑面积 8300 平方米，有主楼 1 幢三层 276 间办公房，钢筋混凝土结构，青砖青瓦；坐西向东原高三层，后加盖一层，现为四层，内部均为木制地板和扶手，另有地下室。整个建筑外观呈“天平”状，前平面呈“山”字形，有“执法如山”之意，又寓意“清若水、明若镜、平若秤”。主建筑前建有水池，水池正中建有圆柱莲花碗，寓意“一碗水要端平”。门楼呈筒形，大门与主楼中心位于同一轴线上。整体布局庄重大方，给人以厚重之感，属西方现代派建筑风格。

国民政府最高法院是国民政府的最高审判机关，负责对全国性重大案件的一审和终审判决，历任院长为徐元诰、林翔、居正、焦易堂、李管、夏勤、谢瀛洲等。该院于抗战全面爆发后西迁，抗战胜利后回迁南京原址。

1934 年，江苏高等法院借用江宁地方法院第二审判庭，以危害民国罪判处陈独秀有期徒刑 13 年。陈独秀当即表示不服判决并亲笔上诉，拖延了一年多，最高法院才审理终结，最终审判的结果是将陈独秀的有期徒刑由13年减为8年，并被关押在老虎桥的江苏第一监狱，直到1937年才被提前释放。

抗战胜利后，最高法院对被各省高等法院判处死刑的汉奸所提出的上诉都给予驳回，维持原判，维护了法律的尊严。

1949 年 4 月南京解放。1950 年 9 月至 1967 年 3 月，这里为南京市中级人民法院院址，后改为江苏省粮食局等单位使用。1992 年，该建筑被列为南京市文物保护单位；2001 年 7 月，该建筑升格为国家级重点文物保护单位。

国民政府战略顾问委员会旧址位于南京市鼓楼区西流湾 9 号（原 8 号）。该建筑建于 1932 年 4 月，同年 11 月竣工。建筑坐北朝南，西式风格，砖混结构，雕梁画栋，古朴典雅；楼高两层，另有地下室一层，院落面积 11483 平方米，原建筑面积 2757.8 平方米，现仅剩 800 平方米。

该建筑原为汉奸周佛海(1897—1948)公馆，抗战胜利后，周佛海于1946年11月被国民政府判处死刑，翌年改判为无期徒刑，1948年2月卒于南京狱中。其公馆被国民政府没收，改作高级将领招待所，后成为国民政府战略顾问委员会办公地。

1946 年 11 月，国民政府公布《战略顾问委员会组织条例》。1947 年 4 月，根据该条例，国民政府将原军事参议院改组为战略顾问委员会。该委员会为军事最高建议及储备战时高级指挥官的机关，直隶于国民政府主席。战略顾问委员会的委员必须是曾担任过重要军职，或由陆海空军现役将官担任，由国民政府特别任免。《战略顾问委员会组织条例》规定，该会由总统特聘战略顾问 19 至 29 人，设主任和副主任委员各 1 人，历任主任委员是何应钦、白崇禧。

南京解放后，此处改作东部战区用房，现为南京市文物保护单位。

国民政府战略顾问委员会旧址

国民政府资源委员会旧址

国民政府资源委员会旧址位于南京市鼓楼区中山北路 200 号。该楼建于 1947 年，由著名建筑设计师杨廷宝设计，建筑面积 2300 平方米，高二层，红砖墙，坡顶青瓦，大门为单开间的门楼，砖木结构，两侧原各设有警卫亭，警卫亭为砖木结构，庑殿顶，顶覆绿色琉璃瓦，梁枋均施以彩绘，现只有西北侧的警卫亭尚在。该建筑大门面朝西南，与中山北路垂直，办公楼面朝东南，混合结构，门前有两株对称雪松，高大挺拔。

国民政府资源委员会由国防设计委员会与兵工署资源司于 1935 年 4 月合并组成，直属于国民政府军事委员会。其职责主要是资源调查研究、资源开发和资源动员等。设有委员长 1 人，秘书长、副秘书长各 1 人，委员 48 人，内设秘书厅，厅下设有秘书、设计、调查、统计 4 个处和专员、矿业、冶金、电气 4 个室。

1938 年 3 月，国民政府资源委员会改隶于国民政府经济部，其职责也有调整改变，主要为：创办和管理经营基本工业、开发和管理经营重要矿业、创办和管理经营电力事业等。此时的国民政府资源委员会设主任委员、副主任委员各 1 人，内设机构也有调整变化。抗战前，国民政府资源委员会在三元巷办公；抗战胜利后，随国民政府还都南京后至此处办公。1946 年 5 月，国民政府资源委员会直隶于行政院，其内设机构也有变化调整，钱昌照、翁文灏、孙越崎等先后担任委员长。

国民政府资源委员会旧址现为南京工业大学使用，2006 年被列为南京市文物保护单位。

中国童子军总会（中央军官训练团）旧址位于南京市鼓楼区五台山 1 号。该建筑为庙宇式平房，主体建筑 480 平方米。砖木结构，歇山坡顶，黑瓦飞檐，柱式台基，方形外廊柱，杏黄色墙壁，为典型的日本建筑风格。

该建筑建于 1939 年由日本建筑师高见一郎设计，原是日本神社，用于安放在中国被打死或病死的日本官兵的骨灰盒，当时还举办过祭拜仪式。1943 年，此处举办过日军第 11 军司令官冢田攻中将等 19 名将佐的亡灵迎接仪式，也是最隆重的一次活动。1945 年 8 月，日本投降，该神社关闭。国民政府将此处用作展示抗战胜利的“战利品陈列馆”。1946 年秋，国民政府将这里改为中央军官训练团驻地，后成为中国童子军总会所在地。

中国童子军是民国时期儿童接受军事化训练的一种组织，创始于 1912 年，其宗旨是培养儿童成为智仁勇兼备的青年，为建设三民主义的国家而奋斗。参加童子军的每一位儿童在参军时都要向孙中山的遗像宣誓。1927 年，中国国民党童子军司令部成立，张忠仁任司令；1929 年改为中国童子军司令部，何应钦任司令；1934 年中国童子军司令部再次改名，称中国童子军总会，蒋介石亲自任会长，戴季陶、何应钦任副会长。中国童子军先后举行过两届大检阅。第一届中国童子军大检阅大露营于 1930 年 4 月在南京举行，戴季陶任营长，张忠仁任总指挥，共有 3500 人参加，接受蒋介石、宋美龄、吴稚晖、蔡元培等国民党要员的检阅。第二届中国童子军大检阅大露营于 1936 年 10 月在南京举行，共有 13200 人参加，接受蒋介石、宋美龄、戴季陶、何应钦等人的检阅。中国童子军在抗战中，曾发挥过积极的作用。1992 年，该处建筑被列为南京市文物保护单位。

中国童子军总会
（中央军官训练团）
旧址

国民政府导淮委员会办公旧址

国民政府导淮委员会办公旧址坐落在南京市鼓楼区新模范马路36号（1002厂内）。该建筑坐北朝南，高二层，砖木结构，青砖外墙，坡顶青瓦，建筑面积1400平方米，整体呈“工”字形。大门东侧下方墙上镶有一块高约0.6米宽0.35米的汉白玉碑刻，上刻“导淮委员会办公厅奠基纪念中华民国三十六年三月三日”字样，目前保存完好，所刻字迹清晰，该楼现为1002工厂办公楼，保护状况也较好。

三民主义青年团中央团部旧址大门

（三民主义青年团中央团部、中国国民党中央青年部旧址）

三民主义青年团中央团部旧址大门（三民主义共青团中央团部、中国国民党中央青年部旧址）位于南京市鼓楼区中山路291号。该建筑群于1935年建成，钢筋混凝土结构，原有西式二层大楼1幢36间，西式三层大楼1幢52间，另有砖木结构的中式平房、礼堂、车棚、厕所等11幢124间，占地面积2580平方米。原建筑现已全部被拆除，仅留大门。该大门为平顶，三开门，中部大两边小，门楼正上方镶嵌“亲爱精诚”四字，是蒋介石亲笔手书。

三民主义青年团的建立是由蒋介石提议的。1938 年3月，在武汉召开的中国国民党全国代表大会上，蒋介石提议建立三民主义青年团，其义在于“革新国民党”。当年 7 月，三民主义青年团在武汉成立。蒋介石兼任团长，陈诚、张治中先后担任书记长，下设秘书、组织、训练、宣传、社会服务、青工管理和女青年等 7 处，视导、编审 2 室，法规审查、人事甄核、财务、体育运动指导、国防科学技术运动、文化建设运动、海外团务计划和设计考核等 8 个委员会，此外还设有中央监察会、指导员、评议会等机构。1947 年9月，该组织与中国国民党合并, 另设青年部，青年部即在该处办公。

为营救在纪念“五二〇”一周年活动中被逮捕的 4 名学生，1948 年 5 月 21、22 日两天，中央大学、金陵大学、金陵女子文理学院的学生包围了青年部，他们呼喊口号，并在青年部大门和墙壁上涂满标语、漫画，学生代表还向时任青年部长的陈雪屏提出立即释放被捕学生、惩办肇事者等要求。迫于学生压力，22 日下午被捕的 4 名学生终得获释，游行示威的学生方才返回学校。新中国成立后，该处由南京红十字血液中心血库等单位使用，现为南京鼓楼医院使用。

国际联欢社旧址

国际联欢社旧址位于南京市鼓楼区中山北路 259 号。该建筑完工于 1936 年，为国民政府的主要外交交际场所，基泰工程司梁衍设计，裕信营造厂承建，1946 年又有扩建，扩建后的总建筑面积 4778 平方米。该建筑主体为二层，局部三层，钢砖混结构。造型设计采用西方现代派手法，门厅等部分采用新颖的装饰材料，墙面以檐口线和窗腰线等横向线条为主，立面整洁大方，高低有序，错落有致。整体装饰别具一格，为当年南京的著名建筑之一。

国际联欢社隶属于国民政府外交部，成立于 1929 年，由于原先的活动场所较小，该社成员、美国驻华大使馆参事兼总领事裴克倡议重建一处活动场所。时任行政院院长兼外交部部长的汪精卫开始运作建设事宜，1936 年国际联欢社建成并投入使用，因建筑新颖豪华吸引了南京城内的许多名流来往进出于此地，一时热闹非凡。

全面抗战爆发后，南京沦陷。汪精卫在此执导参演了一幕幕令人作呕的闹剧丑剧。1940年3月20日至22日，在日本人的授意下，汪精卫带领陈公博、周佛海、褚民谊等30余人集中在国际联欢社召开“中央政治会议”。汪伪在这次会议上，通过了《国民政府成立大纲案》，确定政府名称不变，仍称“国民政府”，并以“还都”名义定义南京，在青天白日满地红旗上另加“和平建国反共”标志。3月30日，汪精卫宣读《国民政府还都宣言》，并举行“还都”典礼，汪伪政府正式粉墨登场。国际联欢社创建于汪精卫之手，也成了这个汉奸粉墨登场之地。抗战胜利后，国民政府还都南京，国际联欢社一度为古巴和丹麦公使馆。

新中国成立后，人民政府接管了国际联欢社，经修缮改造并于1953年由郭沫若先生题写店名，更名为南京饭店，国家多位领导人先后下榻于此。现今，有关部门从尊重历史出发，在其门头上制作了“国际联欢社”几个大字。目前，该建筑保护状况良好，1992 年被列为南京市文物保护单位，2002 年升格为江苏省文物保护单位。

江苏邮政管理局旧址

江苏邮政管理局旧址位于南京市鼓楼区下关大马路 62 号。建筑坐北朝南，钢混结构，地上三层，地下二层，立面外廊式，楼顶有一座圆顶双层塔楼。

南京邮政事业始于清朝光绪年间，1897 年设立南京邮政支局，1899 年在下关正式设立南京邮政局。1912 年中华民国临时政府成立后，改大清邮政局为中华邮政局，南京邮政局改为江苏邮务管理局，初设于大石桥。由于邮局业务的发展，1918 年，在下关大马路建造新的邮局办公楼，并由英国人睦兰主持建造。新局大楼为西式建筑，颇为壮观。1929 年 4 月，江苏邮务管理局更名为江苏邮政管理局。

1937年11月底，日军逼近南京，江苏邮政管理局迁至英国商轮“万通”号办公。工作人员清晨上岸，夜晚回轮船上坚持工作。12月18日，工作人员全部撤到上海，在上海邮政管理局四楼设临时办事处。日军攻陷南京后，下关的大部分建筑都被日军烧毁，唯有江苏邮政管理局和相邻的中国银行下关分行侥幸保存下来。1938年3月25日，江苏邮政管理局全体员工由上海返回南京复邮，当时原江苏邮政管理局房屋被日军“野战军邮便局”侵占，江苏邮政管理局只好暂借南祖师庵7号办公，但受到日军的监视。此时，局长李齐辞职，睦兰接任。后来，日伪交通部又任命本地股长王继生为代理局长，直至日本投降。抗战期间，江苏邮政局员工发挥了积极作用，为打通国际路线，保持与缅甸互换邮件等作出了积极贡献。抗战胜利后，中华邮政总局于1945年8月派陈道接收江苏邮区并任江苏邮政管理局局长。之后，傅德卫、王良骏先后接任。南京解放后，该处由南京邮政管理局接管，为南京邮政机械厂所用。该建筑对研究民国建筑类型及江苏邮政发展历史具有重要作用，并于2006年被列为江苏省文物保护单位。

八路军驻京办事处旧址

八路军驻京办事处旧址（简称八办旧址）位于南京市鼓楼区青云巷 41 号（原傅厚岗 66 号）和高云岭 29 号（原高楼门 29 号）。八路军驻京办事处又称第十八集团军驻京办事处。

青云巷 41 号建筑，原为南开大学校长张伯苓的私宅，因张伯苓与周恩来有师生关系而得以被八路军驻京办事处租用。此建筑建于 20 世纪 30 年代，坐北朝南，假三层，砖混结构，青砖外墙，青瓦屋面，西式风格，占地面积 300 平方米，建筑面积 147 平方米，周围高墙环绕，大门入口处左边一间小屋为传达室。

高云岭 29 号，也为八路军驻京办事处旧址之一，对外称“处长公馆”。该建筑原为梁兆纯、何兆清夫妇的私产，是一处独立院落的西式建筑，坐北朝南，大门朝东，砖混结构，楼高两层，青色砖墙，现部分已改为水泥墙面，红色大瓦。另建有平房 1 幢，院落面积 2000 平方米，建筑面积 300 平方米。该建筑后让于八路军驻京办事处使用，博古曾在此办公住宿。

抗战爆发后，1937 年 8 月 9 日，中共中央和红军代表周恩来、朱德、叶剑英应邀到南京参加国防会议，兼同国民政府谈判，协议将红军改编为八路军、新四军。8 月 19 日，周恩来和朱德飞回延安，叶剑英以八路军驻京代表身份留在南京，负责筹建八路军驻南京办事处事宜。8 月下旬，中共中央派李克农来南京任八路军驻南京办事处处长。9 月初，中共中央代表博古带领多人来到南京。

青云巷 41 号这幢楼房，一楼进门处是钱之光、齐光、袁超俊的办公室；再进是客厅；朝南的两间，外间是李克农的办公室，里间是叶剑英的办公室。二楼是博古的办公室，有会客厅；朝南的两间，里面一间是叶剑英的卧室，另一间是钱之光和齐光的宿舍。三层是阁楼，童小鹏和康一民在此工作和睡觉。楼房后面西北角小披间为油印室。董必武、叶挺在南京时，也曾在此住过。高云岭 29 号，博古（秦邦宪）、廖承志、张越霞等人曾在此住过。

八路军驻京办事处，不仅是八路军驻京办事机构，也是中共中央驻京办事机构。办事处驻南京时间很短，从 1937 年 8 月中旬设立，到同年 11 月中旬撤离，前后只有 3 个多月，却做了大量的工作。八路军驻京办事处是第二次国共合作后中国共产党领导的军队在国民党统治区设立的第一个公开办事机构，为实现第二次国共合作，建立、巩固抗日民族统一战线，建立了不可磨灭的功勋。

青云巷 41 号现为八路军驻京办事处纪念馆，常年对外开放；高云岭 29 号现为省级机关干部住宅，两处建筑均于 1982 年 3 月被列为江苏省文物保护单位。

管理中英庚款董事会旧址

管理中英庚款董事会旧址位于南京市鼓楼区山西路124号。该建筑由著名建筑师杨廷宝设计，基泰工程司施工，1934年竣工。建筑坐北朝南，钢筋水泥梁柱结构，两层中廊式，黄色琉璃瓦，庑殿四坡顶。入口西式，门面简洁朴实，古色古香，建筑面积721.92平方米，中国传统宫殿式建筑风格。

管理中英庚款董事会于1931年3月成立，朱家骅为董事长，杭立武为总干事，职员计14人，是国民政府行政院直属的负责保管、分配和监督使用英国退回庚子赔款的专门机构，1943年改名为中英文教基金董事会，依旧隶属于国民政府行政院。

建立管理中英庚款董事会，缘于庚子赔款。所谓庚子赔款是清朝政府在1901年9月7日与德、法、俄、英、美、日等11国签订的《辛丑条约》中所规定的偿付各国的赔款，因系1900年（庚子年）义和团运动所引起，因此又称为“庚子赔款”。《辛丑条约》第六款规定，赔偿各国关平银4.5亿两，年息4厘，分39年还清，本息合计982238150两。1909年起，以上各国先后声明减免赔款或退回赔款余额，并订立协议或充作办理对华教育文化事业，或充作外国银行营业费用和发行内债基金之用。这种退回庚款的实际使用，大都由中外合组的管理委员会主持办理。

1930年9月，国民政府外交部长王正廷与英国驻华公使蓝普森就中英庚子赔款问题签订协议，其主要内容：英方将1922年12月后应得的庚子赔款交付中方管理，中方将此款大部分用作建筑铁路发展生产事业的基金；运用此基金时应特别注意有英国利益的铁路，所需进口材料应向英国订购；在英国伦敦成立中英购料委员会，得支配全部现存之款，负责购料；在庚子赔款中分别拨出26.5万英镑和20万英镑赠予香港大学及伦敦各大学中国委员会，作为中国学生及聘请中国名人赴英国讲演费用等。管理中英庚款董事会由此建立并进行工作。

南京解放后，市军管会接管了管理中英庚款董事会房产，1950年12月交合作事业管理局使用，后由省轻工厅等单位使用，1959年鼓楼区机关迁此。2006年，中英庚款董事会旧址被列为南京市文物保护单位。

南京特别市第六区区公所旧址

南京特别市第六区区公所旧址（简称第六区区公所旧址）位于南京市鼓楼区江苏路 39 号。该建筑建于 1937 年前，院落占地面积 600 平方米，有砖木结构欧美风格楼房 1 幢，附属楼房 1 幢，平房 2 幢，建筑面积 570.6 平方米；目前，仅余主楼 1 幢。主楼坐西面东，高三层加一层小阁楼，黄色及青灰色竖线条纹外墙，铝合金门窗框，整个建筑呈半圆形，东侧为平形，其他三面为半圆形，二楼三面为半圆形露天阳台，三楼三面为小半圆形露天阳台，三楼顶上为小方形露天平台，中部为方形小阁楼，建筑面积约 370 平方米，房屋保护良好。

1933 年 3 月，南京市开始设区，分设 8 个区，当时的第六区即在现今的鼓楼区的范围内，为鼓楼区的前身。第六区区公所先设在保泰街，后迁移至此。1949 年 4 月 23 日南京解放，5 月 10 日南京市人民政府成立，6 月 2 日第六区人民政府成立，6 月 5 日第六区人民政府正式接管第六区区公所。1950 年 6 月 15 日，南京市人民政府重新调整区划，第六区调整为第五区。1955 年 8 月 3 日，第五区改称鼓楼区。2013 年 2 月，国务院对南京市部分行政区划调整作出批复，撤销原鼓楼区、下关区，成立新鼓楼区。3 月 28 日，南京市新鼓楼区诞生。

该建筑建成之初，为工务局颐和路地区管理所。日军占领南京期间，此建筑为侵华日军宪兵司令部使用。20 世纪 50 年代，该处为南京图书馆古籍部、南京市文联办公室等。20 世纪 80 年代为南京市鼓楼区图书馆，后为南京市鼓楼区外经局招商中心，现为南京市鼓楼区旅游局使用，目前为南京市文物保护单位。

美军顾问团公寓旧址

美军顾问团公寓旧址位于南京市鼓楼区北京西路67号。该处有两幢建筑，因分有A楼和B楼，故俗称"AB大楼"。"AB大楼"于1935年筹备兴建，上海华盖建筑师事务所的著名建筑师赵深、陈植、童寯等设计，新金记康号营造厂承建，由于抗战爆发而延至1945年抗战胜利后方才竣工。"AB大楼"呈"一"字形排开，每幢东西长约105米，南北宽18.39米，总占地面积24000平方米，建筑面积15000平方米，使用面积8000平方米。"AB大楼"为钢筋混凝土结构，平顶屋面呈长方盒子造型，两幢均为四层，A楼坐南朝北，B楼坐东朝偏西北，外部色泽新颖明快；内部设施齐全，办公室、餐厅、酒吧，以及成套公寓式房间配置合理，楼外有大片草坪和活动场所。环境安静幽雅，建筑舒展大方，居住舒适方便，是典型的西方现代派建筑，是当时中国建筑水平的代表之作。

美军顾问团成立于1946年2月，称"南京总部"，直属美国最高军事指挥部门，设在国民政府国防部院内。1946年10月，"南京总部"改称美国陆军顾问团，稍后即与美国海军顾问团调查组合并，名为美国驻华军事顾问团。该团团长先是鲁克斯中将，后是巴大维中将。1948年9月，又改组为美国驻华联合顾问团，下辖陆军、海军、空军、联合勤务4个顾问团和联合参谋顾问处，顾问团多达2000至3000人。美军顾问团在华参与、从事军事活动，目的是为了挽救即将灭亡的国民党政权，结果事与愿违，终在中国人民解放军逼近长江之际，于12月撤至上海，后又撤到日本，1949年1月，美军顾问团结束其历史"使命"。期间，"AB大楼"主要是供美军顾问团的官员及家属居住之用。

南京解放初期，这里是中共南京市委所在地；1950年由部队接管并作为招待所使用；1952年至1955年，这里又为苏联军事顾问团南京军区分团驻地；1969年，成为南京军区管理的华东饭店。之后，A楼属华东饭店，B楼为西苑宾馆，先后接待过周恩来、邓小平、叶剑英、陈毅、彭真、罗瑞卿、华国锋、胡耀邦、李先念、杨尚昆等党和国家领导人，此外还接待过柬埔寨西哈努克亲王等外国元首。1992年，该建筑被列为南京市文物保护单位，现升格为江苏省文物保护单位。

民国海军医院
旧址

民国海军医院旧址位于南京市鼓楼区下关龙江路30号。现存有多幢建筑，为砖混结构，有住院用房、办公楼、停尸房、门房等，还有回廊和拱形柱廊等建筑。原有的瞭望塔为钢架结构，高23米，现已被拆除。该处建筑整个格局基本保存完整，其中有一幢办公楼现为解放军某部使用，其他建筑则为七二四所和海军学校居民用房。

民国海军医院原建筑始建于清末，整组建筑后建于 1930 年前。1917 年，北京政府与德国断交，并下令没收德国在华财产，当时的海军总司令部接管了德国水兵军营，并改为海军总医院，后改为海军医院所用。

该处建筑群保存完整，为研究南京民国时期军事医疗机构发展情况提供了实物资料，具有重要的历史价值。本建筑群为第三次全国文物普查的新发现，尚未核定为文物保护单位。

EMBASSY
BUILDINGS
OF THE REPUBLIC
OF CHINA

鼓楼区

民国使馆建筑

美国驻中华民国大使馆旧址

美国驻中华民国大使馆旧址位于南京市鼓楼区西康路 33 号。另外，在鼓楼区的颐和路 28 号、灵隐路 11 号、琅琊路 1 号、宁海路 30 号、西康路 48 号和南东瓜市 1 号、北京西路 58 号等处，也为美国驻中华民国大使馆用房，上海路 82-9 号，则是美国驻中华民国大使馆新闻处用房。

西康路 33 号，原是汪精卫的官邸。该建筑占地面积 42375.7 平方米，初建有花园式楼房和西式平房，面积 9020 平方米。该址现仅存 1 幢主楼、3 幢平房。主楼为钢混结构，坐北朝南，正立面中部为突出门廊，两侧为对称的二层楼，米黄色拉毛外墙，坡顶青瓦，外观尚好，内部基本保持原样，现为老干部活动中心和西康宾馆，建筑面积约 2000 平方米。西康宾馆主楼后面另有 3 幢平房，为公寓式建筑，每幢建筑面积 96 平方米，装饰豪华气派。整座建筑具有西方现代派建筑风格。

美国是最早与国民政府建立正式外交关系的国家之一。1928 年，美国政府即与南京国民政府建立了正式外交关系，但直到 1936 年 9 月，美国政府才任命詹森为首任驻华大使；1946 年 7 月司徒雷登继任，以西康路 33 号为主馆，美国在华最后一位外交官培根于 1950 年 2 月离开这里返国。接替詹森的司徒雷登，1876 年生于中国杭州，其父母都是美国在华传教士，他从小在中国生活，熟悉中国情况，是一位“中国通”。他接任大使不到三年的 1949 年 4 月，南京解放，于当年 8 月离开中国。毛泽东当时发表的著名文章《别了，司徒雷登》，影响巨大，美国驻中华民国大使馆由此彻底关闭了大门。

2002 年，西康路 33 号美国驻中华民国大使馆旧址被列为国家重点文物保护单位。

需要说明的是，西康路33号是抗战后的美国驻中华民国大使馆旧址，而全面抗战之前，美国驻中华民国大使馆旧址，则位于南东瓜市1号和上海路82-9号。

南东瓜市 1 号是一处独立的建筑群落，现存有民国建筑 3 幢。其中，2 幢楼房和 1 幢平房。2 幢楼房为原美国驻中华民国大使馆馆舍的主楼，平房则为其他用房。2幢主楼均为西式风格建筑，楼高均为三层，且两幢楼房为相同的格局，分别成对称形，并在中间设置楼梯入口。其中，1 号楼建筑面积 560 平方米，2 号楼建筑面积 650 平方米。两幢主楼均坐北朝南，米黄色墙面，砖混结构，平顶屋面，掩映在一片高大的树丛之下。院中尚有巨大的雪松等树木，附以其他花木，环境宜人。该建筑群的平房为美国驻中华民国大使馆内的服务人员使用，建筑面积 109 平方米，砖混结构，坐北朝南，青平瓦面，白色墙面。该建筑群现为南京市第二幼儿园用房。

上海路 82-9 号在上海路 82 号大院内，坐东朝西，高二层，坡顶青瓦，米黄色外墙，门牌号分别为 82 号之 9-1、9-2、9-3，部分房屋坐北朝南，总建筑面积约 900 平方米，院落较大，有银杏树 1 株、法国梧桐 3 株、樟树 6 株，花木丛生，环境优雅。该建筑原为马轶群所有，后卖给美国大使馆新闻处作办公用房，现为东部战区使用。

英国驻中华民国大使馆旧址位于南京市鼓楼区虎踞北路185号，鼓楼区的双楼门38号、颐和路11号和24号，傅厚岗15号和17号等建筑，都曾是英国驻中华民国大使馆用房。

虎踞北路 185 号建筑始建于 1922 年，英国设计师设计，是一座英国古典风格的建筑，整体犹如典雅的英式宫殿，此处为英国驻中华民国大使馆办公室用房。该建筑坐北面南，高二层，砖混结构，建筑面积 1765.9 平方米，立面为古典柱廊式造型，房屋转角处为 3 根圆柱鼎立的造型，白墙红瓦，造型典雅，内部豪华气派，木地板、楼梯保持原貌，内外粉刷一新。该建筑的北侧另有 1 幢红砖、红瓦的小红楼建筑。此建筑坐北朝南，高二层，砖混结构，建筑面积约 1200 平方米，入口处为柱式门廊，室内为内廊式，装潢考究，设施齐全。

英国驻中华民国大使馆旧址

英国驻中华民国大使馆建于南京城北有两点好处：一是规模可以建得很大，由于当时南京城中心在城南地区，后来才发展到城北，城北相对空旷，使馆占地面积近2万平方米，比抗战后新建的美国大使馆还要大；二是当时英国在南京的势力主要集中在下关，使馆建在城北靠近下关，便于英国侨民与工商企业的联系。1935年6月，贾德干出任驻华大使，1946年8月，史蒂文森接任。1949年4月南京解放后，使馆闭馆，人民政府接管该处房产。后来这里一度为苏联专家和留学生招待所，20世纪70年代后改为双门楼宾馆，现被列为国家文物保护单位。

位于双门楼 38-1-2 号的两幢建筑，原为英国驻中华民国大使馆附属建筑，是当时大使馆工作人员的宿舍。

英国驻中华民国大使馆用房还有颐和路 11 号、24 号，傅厚岗 15 号、17 号等建筑。颐和路 11 号建于 1936 年，占地面积 1130 平方米，有砖木结构的西式楼房 2 幢、平房 1 栋，建筑面积 523.8 平方米，产权人为刘既漂。1946 年，刘既漂将房子租给英国大使馆空军武官处使用，直至 1949 年 9 月 16 日。1951 年 6 月该房由市房产局代管。目前，此处存有主楼及附属小二楼、平房各 1 幢，主楼坐西面东，砖木结构，高三层，水泥黄砖交错外墙，坡顶红瓦，二楼东南侧为走廊兼露天阳台，北侧附属小二楼连接主楼，外墙仍为米黄色拉毛装饰，东南侧平房 1 间，从北侧连接主楼，该房整体形状为正圆形，水泥外墙，圆形顶，顶上一圆形阳篷，原为一圆形小舞厅，顶上北侧连着主楼二楼走廊。整幢建筑，构思新颖，造型独特，具有典型的西洋风格，现为南京市文物保护单位。

中海

法国
驻中华民国大使馆
旧址

法国驻中华民国大使馆旧址位于南京市鼓楼区高云岭 56 号、56-1 号。另外，金银街 17 号和 19 号、北京西路 19 号等处也曾为该馆用房。

高云岭 56 号的法国驻中华民国大使馆旧址，原属国民政府军事委员会办公厅主任、军委会调查局局长贺耀组的房产。贺耀组于 1937 年以贺贵严之名购地兴建，共建 2 幢，均为法式砖混结构的花园式楼房。56 号院内的一幢为一层（假二层），另一幢在 56-1 号院内，为二层（假三层）。两幢楼原本都在一个院子，后分隔成两个院子。56 号院内的假二层，坐西面东，门厅及西南的拱形窗廊别具一格，不规则的屋顶铺成鱼鳞状的灰色水泥方瓦，远看错落有致。56-1 号院内的假三层，坐北朝南，高大气派，浑圆的米黄色水泥廊柱颇具特色。两幢楼均有壁炉和老虎窗采光，总建筑面积 1378.5 平方米，均保护较好。56 号现为省新闻出版局老干部活动中心使用，56-1 号现为省民政厅培训中心使用。

国民政府成立后，法国与之建立了公使级外交关系。1930 年 11 月，法国全权公使韦里德到任，将公使馆设在高云岭 56 号和 56 -1 号。日军侵占南京，法国公使馆关闭。抗战胜利后，这里一度成为军统首脑戴笠和抗日名将胡宗南的公馆。1946 年 1 月，法国政府任命的首任驻中华民国特命全权大使梅里霭来南京履任，但大使馆并未使用原先的公使馆馆舍，而是先后租用了附近高楼门 56 号花园式楼房等多处作为大使馆用房，高楼门 56 号房屋现已拆除不存。

金银街17号、19号法国驻中华民国大使馆旧址建筑，原为刘健群的私宅，位于金银街西段南侧，坐北朝南，假三层，带老虎窗，西洋花园式风格建筑，砖混结构，建于1945年，建筑面积410平方米。1947—1949年租给法国大使馆使用。刘健群，祖籍江西吉安，定居于贵州遵义，曾任国民政府立法院副院长。该建筑现为东部战区使用。

北京西路 19 号法国驻中华民国大使馆旧址，是李景潞以其妻萧婉甸之名义于 1937 年购地 1800 平方米兴建。当时建有砖木结构的西式楼房 3 幢 20 间。1946 年 5 月，法国驻中华民国大使馆向李景潞租用该房，合同期到 1947 年 4 月 30 日。合同期满后，法国大使馆又续租 3 年到 1950 年 4 月 30 日止。法国大使馆关闭后，该房空置。1951 年 5 月，由市房产局执行代管，1951 年 10 月 19 日由某部队借用。目前，该处有主楼 1 幢，坐北朝南，高二层，水泥外墙，坡顶青瓦，东侧为半圆形，顶上为半圆形露天阳台，钢门钢窗，建筑面积约 250 平方米，目前保护状况较好，现为东部战区使用。

2002 年，高云岭处的法国驻中华民国大使馆旧址被列为江苏省文物保护单位。

苏联
驻中华民国大使馆
旧址

苏联驻中华民国大使馆旧址位于南京市鼓楼区颐和路22号、29号，鼓楼区赤壁路9号和15号、天目路30号、扬州路18号，以及已被拆除的大方巷56号等，都曾为苏联驻中华民国大使馆所租用。

颐和路22号建筑建于1936年，院落占地面积1439.9平方米，共有砖木结构的西式楼房2幢、平房2幢，建筑面积659.6平方米。目前，该处有主楼1幢，坐北朝南，假三层，坡顶青瓦，带壁炉和老虎窗，建筑面积422平方米。另有2幢平房和防空洞一座，现为东部战区使用。颐和路22号建筑原产权人为王文玑。王文玑，字定华，浙江杭州人，生于1889年，曾任国防交通审查委员会委员、国民政府军事委员会秘书、国民政府铁道部参事、交通部参事等职，1939年病故。

颐和路29号，原为国民政府空军航空大队大队长王青莲于1937年前购地置建。该院落占地面积809.9平方米，建筑面积353平方米，有砖木混凝土结构西式三层楼房1幢12间，另有平房、厨房、厕所、门房共8间，是一座花园式宅院。目前，该处有主楼、附属平房及门房各1幢。主楼坐北朝南，高三层，米黄色拉毛外墙，四面坡顶，鱼鳞状小红筒瓦带壁炉，东北侧及南侧均为拱形门廊，西侧有2间附属平房连接主楼，现为东部战区使用，房屋保护较好。2006年，颐和路29号被列为南京市文物保护单位。

扬州路18号建筑，始建于1945年，砖木混凝土结构，是西式风格的两层花园楼房，1947年8月至1949年为苏联驻中华民国大使馆租用，现为南京市第二十九中学使用。2006年，该建筑被列为南京市文物保护单位。

苏联与民国政府建立外交关系较早，1933年5月，鲍格莫洛夫为驻华特命全权大使抵达南京履职。但1933年至1937年苏联驻中华民国大使馆馆舍现在却无从查找。1948年6月，罗申继任苏联驻华特命全权大使，赴南京就任，直至1949年初，以上所有苏联驻华大使馆馆舍均为此段时间租用。

日本驻中华民国大使馆旧址位于南京市鼓楼区北京西路3号至5号。该建筑约建于20世纪30年代，原有西式楼房3幢、西式平房4幢，占地面积8494.58平方米。后来，其他楼房、平房先后被拆除，现仅剩3号院内1幢点式楼，占地面积400平方米，建筑面积620平方米。该楼坐北朝南，高四层，大楼正面设有八字形砖砌楼梯，直通二楼，在八字楼梯下方设有一门，各层布局大致相同，办公室分布在楼梯四周，北立面建有外走廊，每层设4根砖砌方柱，屋顶为砖木结构人字屋架，外墙面用水泥砂浆粉刷，门窗外侧加水泥装饰护套，外廊柱面、门头塑花及栏杆的细部设计受巴洛克风格影响。

日本
驻中华民国大使馆
旧址

1937年12月，侵华日军攻占南京后，将原设于南京城南的总领事馆也迁此办公。1940年，汪伪政府在南京成立，日本将总领事馆迁出，重新在此设立大使馆，门牌上书“大日本帝国大使馆”。1945年8月，日本无条件投降，日本驻中华民国使馆关闭，该处建筑作为敌伪财产被国民政府没收，并作为外交部宿舍。南京解放后，该建筑为南京市消防大队、武警南京支队所在地，2006年被列为南京市文物保护单位。

从20世纪初至三四十年代，无论是当时的日本公使馆，还是后来的日本大使馆，其门前都多次发生过中国人民反抗日本军国主义侵华罪行的活动。1925年12月26日，南京各界及群众团体召开反对日本出兵满洲大会。会议结束后，群众冒雨举行游行，向五省联军总司令孙传芳请愿，后又来到日本驻中华民国公使馆门前示威。愤怒的群众捣毁馆门，砸坏电灯，冲入院内并迫使馆内日本人接受南京群众的抗议。1926年5月下旬，金陵大学、东南大学及一些中学的学生举行声势浩大的示威游行，并到日本公使馆前抗议。1935年，南京中学部分学生冲到日本大使馆举行示威活动，日本大使恼羞成怒，向国民政府提出“抗议”。国民政府为平息事态，扣押了学生，后又宣布解散南京中学。抗战时期，日本大使馆发生轰动一时的“毒酒案件”，给日本侵略者和汉奸以极大的震慑。1939年6月10日晚，日本大使馆举行盛大的日伪“亲善”晚宴，不料宴会开始后几杯酒下肚，日军头目和伪维新政府的汉奸们个个头昏脑涨，呕吐不止，其中2名日本高级军官中毒身亡。这是当时在日本大使馆当仆工的中国人詹长炳、詹长麟弟兄两人干的。此事让国人感到十分痛快和振奋。

加拿大
驻中华民国大使馆
旧址

加拿大驻中华民国大使馆旧址位于南京市鼓楼区天竺路3号。该建筑原为国民政府行政院副秘书长梁颖文于1937年所建，院落占地2600.3平方米，建筑面积792.5平方米，有砖木混凝土结构、青砖平瓦的庭院式三层楼房1幢、西式平房2幢、汽车库、木板房等共计26间，另有防空洞2座，鱼池1座，庭院内花木繁茂，环境优美。

1946年4月，加拿大政府与国民政府建交。翌年5月，加拿大政府任命首任驻华特命全权大使戴维斯抵宁赴任，租赁该处为大使馆馆舍。1949年9月，加拿大大使馆退租。目前，加拿大驻中华民国大使馆旧址建筑为东部战区使用，房屋保护状况较好，现被列为江苏省文物保护单位。

意大利
驻中华民国大使馆
旧址

意大利驻中华民国大使馆旧址位于南京市鼓楼区武夷路13号。该建筑为梁定蜀于1937年所建，占地面积1146.6平方米，建筑面积357平方米，由著名建筑师徐敬直等设计，泰来营造厂承建，有砖木混凝土结构、西式两层楼房1幢8间，西式平房2幢8间，合计16间。目前该建筑保存完好，但花园面积已大为缩小，现为东部战区使用。

1935年9月，意大利政府将驻华公使馆升格为大使馆，任命马亚谷诺为意大利驻华首任特命全权大使，馆址设于新街口铁管巷。第二次世界大战时期，国民政府与意大利政府断交，意大利驻华大使馆关闭。1946年10月，中华民国政府与意大利政府重新建立外交关系，意大利政府任命冯雅德为驻华特命全权大使，并租武夷路13号建筑为大使馆馆舍，1950年退租。

荷兰
驻中华民国大使馆
旧址

荷兰驻中华民国大使馆旧址位于南京市鼓楼区老菜市 8 号、南东瓜市 3 号、北京西路 23 号和 35 号等处，牯岭路 20 号曾为荷兰驻中华民国领事馆。

老菜市 8 号建筑，建于 20 世纪 30 代，为传统大屋顶建筑风格，坐北朝南，砖混结构，高二层，青砖筒瓦，正门前两大圆柱托二楼露天阳台，勒角沿口等处雕饰细腻，建筑面积约 500 平方米。该处建筑南侧另有荷兰式建筑风格的楼房 2 幢，建筑面积 1019 平方米，一幢三层，一幢二层，另有平房数间是其使馆工作人员住房。该处现为南京 772 厂使用，是江苏省文物保护单位。

南东瓜市 3 号建筑，在上海路西侧小山坡上，是一处独立院落的西式风格建筑，楼高三层，黄色水泥拉毛外墙，坐北朝南，墙内建有壁炉，人字形坡架，建筑面积 500 平方米。据查，该建筑原是张姓个人在南京的私产，后转卖给荷兰驻中华民国大使馆作为馆舍。现为古南都饭店办公室用房，保护状况较好，是南京市文物保护单位。

1935 年，荷兰与中华民国政府建立公使级外交关系。翌年 3 月，荷兰政府任命傅思德为驻华首任特命全权公使。傅思德于是年 9 月抵达南京，在向国民政府主席林森呈递国书的当日，即买下南京老菜市 8 号建筑为公使馆。1947 年 3 月，中华民国与荷兰政府将公使级升格为大使级，荷兰政府任命艾森为首任驻华特命全权大使。荷兰大使馆在南京期间，也购置租借多处房产作为大使馆舍，北京西路 30 号即为荷兰大使馆的武官住房。

牯岭路 20 号，原产权人为刘石心，曾任浙江省秘书长、南京市建设委员会秘书长、广州社会局局长、杭州农工银行经理等职，1946 年至 1948 年，刘石心将房屋租给荷兰领事馆。该处现有主楼、附属小二楼及平房各 1 幢。主楼坐南朝北，假三层，青砖外墙，建筑面积 249 平方米；东侧有 1 幢附属小二楼和 1 幢平房，均为青砖外墙，坡顶青瓦。该建筑现为江苏省省级机关使用。

澳大利亚驻中华民国大使馆旧址

澳大利亚驻中华民国大使馆旧址位于南京市鼓楼区颐和路32号、北京西路66号和琅琊路14号等处。

颐和路32号，原为首都警察厅厅长韩文焕于1937所建。该建筑占地面积945.3平方米，建筑面积514.7平方米，西式建筑风格。原有砖木结构混凝土结构的三层楼房1幢15间及西式平房2幢19间，共有房舍34间。目前，该处有主楼及平房各1幢，主楼坐北朝南，高三层，米色外墙，坡顶红瓦。一楼南侧约有60公分平台，上为露天阳台。该建筑现为东部战区使用，房屋保护较好，目前是南京市文物保护单位。

北京西路66号建筑建于1912年至1937年，院落占地面积860.46平方米，建有砖木结构的西式楼房、平房各1幢，建筑面积350平方米。原产权人龚柏德，曾任《救国日报》社长。新中国成立后，该建筑由政府代管，后由东部战区使用。目前，该处有主楼1幢，平房1幢；主楼坐北朝南，假三层，粉色及青砖外墙，坡顶青瓦，老虎窗平排4个，原有壁炉现已封闭；平房1间，青砖外墙，坡顶青瓦，木制门窗。

琅琊路14号建筑建于1937年，院落占地面积940平方米，有砖木结构的西式楼房2幢，平房数间，建筑面积543.9平方米，原产权人为韩文焕。南京解放后，由市房产局代管，先后由军区司令部参谋处、政治部招待所等单位使用，现为江苏省省级机关住宅。目前，该处有主楼、平房各1幢，主楼坐北朝南，假三层，尖顶红瓦，米黄色外墙，带老虎窗壁炉，南侧造型为半圆形露天阳台，西侧平房连接主楼，均为圆门圆窗，总建筑面积约320平方米。

1948年2月，澳大利亚政府与中华民国政府建交，任命欧辅时为首任驻华特命全权大使。欧辅时大使于当月来南京履任，并租用颐和路32号为澳大利亚大使馆馆舍，至1950年2月退租。期间，北京西路66号和琅琊路14号也被澳大利亚大使馆租用。琅琊路14号在南京解放初期，仍被澳大利亚大使馆使用过一段时间。

土耳其驻中华民国大使馆旧址

土耳其驻中华民国大使馆旧址位于南京市鼓楼区中山北路 178 号乙楼。中山北路 178 号乙楼，由缪凯伯工程司设计，张裕泰营造厂监理承建，建于 1935 年前后。该处本来分为前院和后院，前院系王哲明（化名王同庆）住宅，新中国成立后因城市建设被拆；后院即中山北路 178 号乙楼，系刘婉如的住宅。该主楼坐北朝南，砖木混凝土结构，西式风格，楼高二层，坡顶青瓦，院落占地面积 1374.1 平方米；另有平房 2 幢，总建筑面积 689.5 平方米。目前，该建筑为东部战区使用，保护状况较好。

1946 年 3 月，土耳其政府与中华民国建立外交关系，土耳其政府任命陶盖为首任驻中华民国特命全权大使。陶盖到南京后，租该处前院和后院作为土耳其大使馆馆舍，1949 年 9 月后退租。

1946 年 2 月，中华民国与墨西哥签订《中墨友好条约》，并决定互派大使。1947 年 8 月，墨西哥政府任命艾吉兰为首任驻中华民国特命全权大使。艾吉兰到南京后，租用天竺路 15 号为大使馆馆址，直至 1950 年退租。颐和路 35 号曾借给国民政府外交部政务次长刘师舜住用，后租给墨西哥驻中华民国大使馆使用。

2006 年，天竺路 15 号墨西哥驻中华民国大使馆旧址被列为南京市文物保护单位。

墨西哥
驻中华民国大使馆
旧址

墨西哥驻中华民国大使馆旧址位于南京市鼓楼区天竺路 15 号和颐和路 35 号。

天竺路15号建筑，为国民政府外交部职员王昌炽化名王念祖于1937年所建。该建筑占地面积7200平方米，建有砖木混凝土结构的西式二层花园楼房1幢12间和平房2幢12间，以及其他用房共计26间，建筑面积1591平方米。整座院落规划有序，环境优雅，现为东部战区使用，目前保护状况较好。

颐和路 35 号建筑，建于 1934 年，占地面积约 800 平方米，有砖木结构的西式楼层 1 幢，平房 2 幢，建筑面积 286.7 平方米。该建筑原产权人为于婉清。于婉清的丈夫于宝轩，北京政府时期曾在徐世昌的北洋政府任过内务部次长，国民政府时期做过外交部秘书，后在汪伪政府做过监察委员。1945 年，于婉清将该处建筑卖给庆丰纺织公司。1955 年，庆丰纺织公司又将此建筑卖给江苏省某机关，其产权现为江苏省省级机关事务管理局，目前有主楼 1 幢、平房 1 幢，主楼坐北朝南，高为二层，青砖外墙，坡顶青瓦，现为省级机关干部住宅。

波兰驻中华民国大使馆旧址位于南京市鼓楼区水佐岗 39 号。该建筑原为成济安与任瘦清夫妇住宅。1937 年，成济安、任瘦清在此购地 2541 平方米，兴建混凝土结构的西式二层花园楼房 1 幢，平房 1 幢，以及简易房、地下室等附属设施共计 19 间房，建筑面积 537.2 平方米。主楼坐西面东，依坡而建，米黄色外墙，坡顶红瓦，地上二层，地下一层。任瘦清在新中国成立前夕前往美国，其子当时在美国读书，即委托女佣看管。南京解放初交公接管，1978 年退还产权，并由成济安、任瘦清之子成意志、成众志继承。

1948 年 3 月，波兰与中华民国建交，波兰政府任命朴宁斯基为驻中华民国首任特命全权大使。波兰驻中华民国大使馆租用该处为大使馆馆址，1950 年 7 月退租。

波兰
驻中华民国大使馆
旧址

印度驻中华民国大使馆旧址位于南京市鼓楼区江苏路 4 号、北京西路 44 号和灵隐路 9 号等处。

江苏路 4 号建筑，系高仰全于 1936 年所建，占地面积 1719.7 平方米，建有红砖、红瓦、砖木混凝土结构的西式两层楼房 1 幢 22 间和西式平房 3 幢 7 间。主楼坐北朝南，高三层，红砖外墙，坡顶青瓦，带壁炉老虎窗，建筑面积约330平方米。现为东部战区使用。

北京西路44号建筑，为贺耀祖化名贺贵年于 1935 所建，占地面积 1484.3 平方米，有砖混结构的西式二层楼房 2 幢，西式三层楼房 1 幢，西、中式平房多幢，总建筑面积 817.9 平方米。目前，此处仅余主楼 1 幢，主楼坐北朝南，中部三层，青瓦，四周为二层平顶，黄色拉毛外墙，白色勒角，整幢建筑造型新颖，为西方庭院式别墅，建筑面积约 320 平方米。该处现为省公安厅干部住宅，房产权为鼓楼区房产经营公司所有。

印度驻中华民国大使馆旧址

贺耀祖，又名贺贵严、贺贵年，湖南宁乡人，留学日本，与何应钦，谷正伦等为同学，1911年加入中国同盟会，1916 年毕业回国后历任团、旅、师、军长和京沪卫戍区司令、湖南省政府委员兼建设厅厅长等职。1935 年授中将军衔，1938 年晋陆军上将衔，1941 年任蒋介石侍从室第一任处主任，后历任全国经济委员会秘书长、重庆市市长兼防空司令、第六届中央监察委员、战略顾问委员会委员、“制宪国民大会”代表。1949 年任何应钦内阁行政院政务委员，后避居香港，并与李济深等 44 人通电宣布起义。新中国成立后历任中南军政委员会委员兼交通部部长、全国政协委员、中国国民党委员会中央常务委员等职，1961 年因病在北京逝世，著有《津浦线上蒋阎两军战况概述》、《1928 年日军侵占济南的回忆》等。

灵隐路 9 号建筑，建于 1937 年，院落占地面积 900 平方米，有砖木结构的西式楼房 1 幢和附属小楼 1 幢，建筑面积 258.92 平方米。该处原产权人为宋希尚。目前，该处有主楼及附属楼各 1 幢，主楼坐东面西，高二层，青砖外墙，坡顶青瓦，带壁炉，木制门窗。1951 年 5 月起，该处为市房管局代管，现为东部战区使用。

1942 年 4 月，印度驻华专员公署在重庆设立，首任专员为沙福来爵士。1946 年 11 月，印度驻华专员公署升格为大使级，馆设江苏路 4 号，梅霭任印度驻中华民国首任特命全权大使。1946 年 11 月至 1950 年 4 月，印度大使馆租用北京西路 44 号为大使馆馆舍，该处后由市房产局代管。灵隐路 9 号曾一度也租给印度大使馆使用，至 1950 年 5 月印度大使馆迁入北京。江苏路 4 号和北京西路 44 号现均为南京市文物保护单位。

巴西驻中华民国大使馆旧址

巴西驻中华民国大使馆旧址位于南京市鼓楼区宁海路 14 号。该建筑为武汉大学教授李儒勉于 1933 年所建，院落占地面积 899.7 平方米，有砖木混凝土结构的西式三层楼房 1 幢 16 间、两层楼房 1 幢 2 间、西式平房 3 幢 8 间，共计 26 间，总建筑面积约 300 平方米。主楼坐北朝南，假三层，米色外墙，坡顶红瓦，带老虎窗和壁炉。

1948 年 6 月，巴西政府与国民政府建交，任命黎奥白伦柯为首任驻华特命全权大使，并租赁该处为大使馆馆舍。该处现为李儒勉之女继承，保护状况良好。2006 年，巴西驻中华民国大使馆旧址被列为南京市文物保护单位。

埃及驻中华民国大使馆旧址

埃及驻中华民国大使馆旧址位于南京市鼓楼区北京西路27号。1912—1937年，上海国防医学院牙科医生黄子廉，以其妻陶筱眉之名购地1200平方米，建砖木结构的西式洋楼房 1 幢、平房 2 幢，建筑面积 406.46 平方米。目前，该处有主楼 1 幢、平房 2 幢；主楼依坡而建，坐北朝南，假三层，米黄色外墙，坡顶青瓦，一楼东南侧为半圆形平房连接主楼，上为半圆形露天平台，二楼东侧、南侧及三楼东侧均建有露天阳台，一楼四周均设大门；西侧有 2 间平房与主楼相连。院内原有防空洞一座，因塌陷而改为走道。整幢建筑造型优美，是典型的西方现代风格。该处现为东部战区司令部某招待所使用，房屋保护较好，现为南京市文物保护单位。

1947 年 1 月，埃及政府与中华民国政府建立公使级外交关系，先设公使馆，不久升格为大使级。埃及政府任命伊斯马仪为首任驻华特命全权大使。伊斯马仪抵达南京就任后，于 5 月租用北京西路 27 号为大使馆馆舍，租期 3 年，至 1950 年 5 月止。因 1949 年 4 月南京解放，房主不知去向，合同期满后遂于 1950 年 12 月由南京市房管局对该房实行代管。

20 世纪 50 年代初，埃及大使馆发生一劫案。当时的新闻报道称："南京前埃及驻华大使馆，在 1950 年 9 月 3 日被暴徒袭击，前埃及代办阿巴提被刺受重伤。"这件国际刑事案件，在当时引起国内外的广泛关注，经过南京市公安局的严密侦察，迅速破案。

葡萄牙
驻中华民国大使馆
旧址

葡萄牙驻中华民国大使馆旧址位于南京市鼓楼区北京西路52号。建于1937年前，院落占地面积1533.33平米，有砖木结构西式楼房1幢，平房数间，建筑面积500平方米，主楼建筑面积380平方米。目前，该处有主楼、平房各1幢；主楼坐北朝南，黄色外墙，坡顶青瓦，带壁炉，另有锅炉房，东、西、北侧均有门，二楼南侧、三楼东侧带露天阳台。该建筑原产权人为上海新新公司经理欧阳悦。1949年4月南京解放，该建筑由政府代管，现为东部战区使用，房屋保护状况良好，院内环境优雅。

中华人民共和国成立前，该处一度出租给葡萄牙驻中华民国大使馆使用。

捷克驻中华民国大使馆旧址位于南京市鼓楼区汉口西路 130 号。该建筑原为国民党高级官员晏瑞麟化名晏敬堂于 1945 年购地 1282.4 平方米所建，有砖混结构的花园式二层楼房 1 幢 9 间，西式平房 1 间，中式平房 1 幢 4 间，共 14 间，建筑面积 443 平方米。主楼坐北朝南，西式砖混结构，青砖红瓦，四坡顶，南部原为花园，现为新建楼房。

1947 年 9 月，捷克政府任命李立克博士为首任驻华特命全权大使。1948 年 5 月，李立克大使签约承租该处为捷克驻中华民国大使馆馆舍，先期支付第一年租金3600美元，后又支付3600美元，租期两年，于1950年4月退租。

捷克
驻中华民国大使馆
旧址

缅甸驻中华民国大使馆旧址位于南京市鼓楼区傅厚岗 31 号。该建筑为中华民国政府外交部于 1947 年 4 月购地置建，总建筑面积 1002.1 平方米，有主楼和平房各 1 幢。主楼为西式别墅洋房，坐北朝南，高两层，建有阁楼壁炉，砖混结构，红砖外墙，坡顶青瓦，二楼建有简易阳台。现为省级机关干部使用。

1948 年 12 月，缅甸驻中华民国大使馆租用此处作为大使馆馆舍，1950 年退租。

缅甸
驻中华民国大使馆
旧址

暹罗（泰国）驻中华民国大使馆旧址

暹罗（泰国）驻中华民国大使馆旧址位于南京市鼓楼区麻家巷 9 号。

该建筑原为华振麟于 1936 年所建，建筑面积 585.6 平方米。有砖木混凝土结构的西式三层楼房 1 幢 15 间，西式两层楼房 1 幢 2 间，西式平房 3 幢 4 间，中式平房 1 间，共 22 间。该建筑现为东部战区使用。

1946 年 12 月，暹罗（泰国）政府与国民政府建交，任命杜拉勒为首任驻华特命全权大使。杜拉勒于当月来华赴任，租赁该处为大使馆馆舍。

奥地利驻中华民国公使馆旧址

奥地利驻中华民国公使馆旧址位于南京市鼓楼区五条巷 17 号。该建筑始建于 1945 年，建筑面积 429.2 平方米，主楼建筑面积 280 平方米，坐北朝南，西式风格，假三层，上有老虎窗，青砖红瓦，砖混结构。建筑东北和东南两角各有 2 个城堡式的建筑楼，欧式南门廊有两圆柱。该建筑为独立院落，原为国民政府重庆市市长张笃伦的寓所，新中国成立后归解放军某部使用，现为东部战区政治部用房。

1948 年 5 月，奥地利政府与中华民国政府建交，任命施德复为首任驻华特命全权公使。该建筑为奥地利驻中华民国公使馆所租用，作为公使馆馆舍。

菲律宾驻中华民国公使馆旧址

菲律宾驻中华民国公使馆旧址位于南京市鼓楼区颐和路 15 号。该建筑为王崇植于 1937 年所建，占地面积 1362 平方米，建筑面积 536 平方米，有砖木混凝土结构的西式三层楼房 1 幢、西式平房 1 幢等共 19 间。主楼坐北朝南，高三层，红砖及米黄色交错外墙，坡顶青瓦，东侧、东北侧均为半圆形，西侧 1 幢平房为红砖，米色外墙，坡顶青瓦，总体造型为不规则型。王崇植，曾任青岛市工务局局长、天津开滦矿务总局经理、南京市社会局局长等职。该建筑现为东部战区使用，房屋保护状况较好。

1948 年 4 月，菲律宾政府与中华民国政府建交，任命谢伯襄为首任驻华特命全权公使。谢伯襄抵达南京后租用该处，作为公使馆馆舍，1949 年 9 月退租。

2006 年，颐和路 15 号被列为南京市文物保护单位。

巴基斯坦驻中华民国公使馆旧址

巴基斯坦驻中华民国公使馆旧址位于南京市鼓楼区珞珈路 50 号。

该建筑为曾担任过国民政府交通部部长的曾养甫于1937年所建，占地面积1890.1平方米，建筑面积755.1平方米，有砖木混凝土结构的西式楼房1幢10间、西式平房2幢7间、汽车房1间，共18间。该建筑现为东部战区第四干休所使用。

1949 年 1 月，巴基斯坦与中华民国政府建交，并派出首任驻华特命全权公使，租用该处为公使馆馆舍。

多米尼加驻中华民国公使馆旧址

多米尼加驻中华民国公使馆旧址位于南京市鼓楼区赤壁路5号。该建筑是曾任国民政府外交部常务次长的刘锴于1937年所建，占地面积898.5平方米，建筑面积308.9平方米，有红砖红瓦、砖木混凝土结构西式两层楼房1幢14间、西式平房1幢4间，共18间。该建筑现由江苏省机关事务管理局使用，为南京市文物保护单位。

1946 年 10 月，多米尼加政府与中华民国政府建交，并任命古斯曼为首任驻华特命全权公使，租用此处为公使馆馆舍。

瑞士
驻中华民国公使馆旧址

瑞士驻中华民国公使馆旧址位于南京市鼓楼区宁海路 15 号、宁海路 20 号和珞珈路 46 号。

宁海路 15 号建筑，建于 1936 年，院落占地面积 1035 平方米，有砖木混凝土结构的西式楼房 1 幢和平房数幢。原产权人为励志社总干事黄仁霖（一说是黄镇球），称黄公馆。目前，该处有主楼 1 幢，坐北朝南，楼高二层，下半部红砖、上半部黄色拉花外墙，四面大坡架屋顶，青瓦带老虎窗，南侧突出红砖门厅，上带红砖露天阳台，东侧一拱形大门，紫色门窗，建筑面积 320.3 平方米。

宁海路 20 号建筑，建于 1936 年前，院落占地面积 777.26 平方米，有砖木结构的西式楼房 1 幢、附属小楼 1 幢、平房 2 幢，建筑面积约 450 平方米。原产权人张敌吾，建房不久即卖给高礼安。新中国成立后，该处由政府代管，后拨给某部队使用。目前，该处有主楼 1 幢、附属小二楼 1 幢、平房 2 幢。主楼坐北朝南，假三层，粉红色拉毛外墙，东南侧附属小二楼，连接南侧平房 3 间，北侧平房 3 间，连接主楼，主楼东侧及西南侧均为突出多边形，屋顶为坡顶红瓦。该处现为东部战区使用，保护状况较好。

珞珈路 46 号建筑，原为陈张平玉于 1936 年购地 1146.8 平方米兴建，有西式三层楼房 1 幢。主楼坐东面西，假三层，

米黄色外墙，坡顶青瓦，带老虎窗、壁炉；另有西式二层楼房 1 幢，西式平房 2 幢，共 4 幢 18 间，其中主楼建筑面积为 362.4 平方米。目前，该处仅剩 1 幢主楼，现为居民住宅，房产权为鼓楼区房产经营公司所有。

1948 年 4 月，瑞士政府与中华民国政府建交，任命陶伦德为首任驻中华民国特命全权公使，并租用以上各处为公使馆馆舍，1949 年 4 月南京解放后相继退租。

目前，宁海路 15 号、珞珈路 46 号瑞士驻中华民国公使馆旧址均为南京市文物保护单位。

罗马教廷驻中华民国公使馆旧址位于南京市鼓楼区天竺路 25 号。1946 年 7 月前，罗马教廷在此租地 765 平方米，建成砖木混凝土结构的意大利式二层楼馆舍 2 幢 10 间，主楼坐北朝南，高二层，青砖外墙，坡顶青瓦，木制门窗，一楼南侧为门庭，庭上二楼带露天阳台；另外建有西式平房 1 幢 8 间、附属楼 1 幢、简易房 1 间，建筑面积 493 平方米。该处现为居民住宅，产权为鼓楼区房产经营公司所有。

1946 年 7 月，罗马教廷任命黎培里为首任驻华特命全权公使。黎培里于 1946 年 12 月抵达南京赴任，后入住天竺路25号罗马教廷驻中华民国公使馆。1951年9月，所有外交人员撤离回国。

2006 年，罗马教廷驻中华民国公使馆旧址被列为南京市文物保护单位。

罗马教廷
驻中华民国公使馆
旧址

MANSION
BUILDINGS
OF THE REPUBLIC
OF CHINA

鼓楼区

民国公馆建筑

孙中山故居旧址

孙中山故居旧址位于南京市鼓楼区汉口路9号。孙中山故居旧址又称“中山楼”，位于汉口路南京大学南苑，占地面积约180平方米，建筑面积约350平方米，是一幢西式风格的别墅。该建筑高为两层，上有老虎窗，坐北朝南，红色屋顶，砖混结构。一楼有柱式外置门廊，二楼有简易阳台，房顶有3个并排而立的老虎窗，外表为红色，煞是引入注目。目前，该建筑基本上仍保持着原有的建筑风貌。

据说，孙中山辞去临时大总统职务后，一度居住于此。现为南京大学华智研究中心。2006 年，“中山楼”被列为南京市文物保护单位。

孙中山(1866—1925)，名文，字德明，号逸仙，广东香山（今中山市）翠亨村人，出生于一个农民家庭。青年时期，孙中山曾赴香港、广州、檀香山等地求学，开始从事秘密反清革命活动，1894年11月在檀香山创立革命团体兴中会，1905年8月组织由兴中会、华兴会、光复会在东京联合成立中国同盟会，并被推举为总理，该会明确提出了“驱除鞑虏，恢复中华，建立民国，平均地权”的资产阶级民主革命纲领，以及民族、民权、民生的“三民主义”纲领。1911年10月10日武昌起义爆发后，各省纷纷响应;12月25日,孙中山从美国经过欧洲，再经香港回到上海;12月29日，在南京举行的17省代表会议上，孙中山被推举为中华民国临时大总统。1912年1月1日，孙中山乘专列由沪赴宁，当晚正式宣誓就任中华民国临时大总统。2月12日，清帝宣布退位。这标志着以孙中山为代表的革命党人所发动的辛亥革命推翻了统治中国267年的清王朝，结束了中国2000多年的封建君主专制，建立了中华民国,揭开了中国近代史上崭新的一页。

1913年，袁世凯窃取了辛亥革命果实，孙中山发起“二次革命”失败后被迫亡命日本，后又组建中华革命党。1916年5月，孙中山先生重回上海，发表《第二次讨袁宣言》，翌年7月南下广州，组织护法军政府并任海陆军大元帅。1918年撰写《建国方略》，1919年又将中华革命党改组为中国国民党。1920年，孙中山在广东宣布就任非常大总统。1924年1月，孙中山在广州主持召开国民党一大,宣布实行国共合作，重新解释“三民主义”，并提出“联俄、联共、扶助农工”三大政策，使旧“三民主义”转变为新“三民主义”。

1924年底，应北方冯玉祥之邀，孙中山带病北上，翌年3月12日，为国为民奋斗了一生的孙中山病逝于北京，走完他59年的伟大壮丽的人生,1929年6月1日安葬于风景秀丽的南京紫金山南麓。

孙中山是伟大的民族英雄，他的丰功伟绩如巍巍丰碑，永远屹立在中华大地，永远屹立在中国人民的心中!

李宗仁公馆旧址

李宗仁公馆旧址位于南京市鼓楼区傅厚岗 30 号（原 68 号）。

李宗仁公馆旧址是一处独立院落，西式风格别墅，坐北朝南，主楼 1 幢，另有若干附属平房。主楼为砖混结构，青色墙面，青色瓦面，内为木质楼梯和地板，假三层有老虎窗，另有地下一层，并在墙壁中建有壁炉。整个院落占地面积 4473.3 平方米，原建筑面积 500 平方米，现余 227 平方米。

该建筑原为姚琮的私宅。姚琮(1891—1977)，江苏苏州人，原国民政府军事委员会办公厅副主任、首都警察厅厅长，是蒋介石的小妾姚冶诚的弟弟。全面抗战爆发后,中国共产党领导人朱德、叶剑英等人曾一度在此居住。1947年，该建筑为李宗仁及其随员所居，直到南京解放前夕李宗仁离开南京为止。目前由省级机关幼儿园使用，保护状况很好，现为江苏省文物保护单位。

李宗仁 (1890—1969)，字德邻，广西临桂县西乡村人，出身于农民家庭。1908 年考入广西陆军小学堂第三期，毕业后在桂军供职，在护国、护法战争中崛起，逐渐成为桂系首领，历任国民政府陆海空军副总司令、广西绥靖主任、安徽省政府主席、国民政府副总统、代总统等职，陆军一级上将。1938年3月—4月，作为第五战区司令长官，协助指挥组织了台儿庄战役，取得了抗日战争正面战场的一次大胜利，振奋了全民族的抗战精神，坚定了国人抗战胜利的信念。1949 年 4 月 21 日，遵照毛泽东、朱德的命令，中国人民解放军突破长江天堑，23 日占领南京。此时，李宗仁撤往两广地区，后经香港赴美国纽约治病，寓居美国。1955 年，李宗仁提出“和平解决台湾问题”等建议，希望海峡两岸携起手来，早日实现祖国的统一大业。1965 年 7 月 17 日，在周恩来总理的亲自安排下，李宗仁离开美国，经瑞士、中东等地辗转回到祖国。1969 年 1 月 30 日，李宗仁因病医治无效，逝于北京，享年79岁。

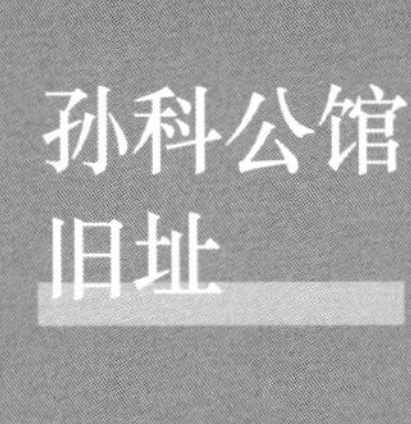

孙科公馆旧址

孙科公馆旧址位于南京市鼓楼区中山北路 254 号和武夷路 11 号。

中山北路254号建筑，是孙科出任铁道部部长期间于1933年兴建，建筑面积529平方米，外形美观，时称“孙科楼”。楼房左右不对称，正门左边二层，上为阳台，右边三层。楼右侧有一幢与其相连的平房，是卫士和杂役的住处。大楼正门呈拱形，分三重，第一重镂花状镂空的铁门，第二、第三重是木门，这在民国官邸中尚属少见。楼顶用红色筒瓦，一仰一覆，天衣无缝。现为国防大学政治学院干休所，保护状况很好。

武夷路 11 号孙科旧居，建于 1937 年前，院落占地面积 1100 平方米，有砖木结构的西式楼房 1 幢、平房 2 幢，建筑面积 443.2 平方米，其中主楼建筑面积 403.4 平方米，原产权人为黎始信。抗战期间，此处被伪满洲国大使馆占用，抗战胜利后仍由孙科居住。1946 年 7 月 2 日，国民政府明令公布《国父陵园管理委员会组织条例》，原总理陵园管理委员会改为国父陵园管理委员会。国父陵园管理委员会正式成立后，孙科曾在此宅内举行多次会议，商讨有关中山陵园的保护、修缮等事宜。目前，该处有主楼 1 幢、平房 4 幢（新增 2 幢）；主楼坐北朝南，高为二层，白色拉毛外墙，坡顶青瓦，钢门钢窗。现为东部战区使用，保护状况较好。

孙科（1891—1973），字哲生，又字连生，复字连华，广东省香山县（今中山市）翠亨村人。少年时代在美国接受系统的西方教育，期间受其父孙中山的影响而对政治产生兴趣，20 岁即加入其父领导的同盟会。辛亥革命后，孙科再度赴美国求学。1916 年回国后，历任广东大元帅府秘书、广州特别市首任市长、国民党临时中央执行委员、广东省代理省长和铁道部长等职，政绩颇为引人注目。南京国民政府成立后，孙科历任建设部部长、财政部部长、行政院院长、国民政府副主席兼立法院院长、国民党中央常务委员等要职。国民党政府退出大陆后，孙科先到香港，后辗转美国，寄居于子女家中，过着平民化的生活。1964 年，孙科到台湾。1973 年 9 月 13 日，孙科因心脏病病逝于台北，享年 82 岁。孙科一生奉行节俭，做事躬体力行，没有给其父抹黑。

于右任公馆
旧址

于右任公馆旧址位于南京市鼓楼区中山北路 43 号和宁夏路 2 号。

中山北路 43 号于右任公馆，始建于 1929 年，坐西朝东，西式风格，楼高两层，砖混结构，黄色外墙，青瓦坡顶，上有老虎窗小阁楼，建筑面积 281 平方米。该房现为几户居民合租居住，基本上仍保持着原来的风貌，但外观状况较差。

宁夏路2号于右任公馆旧址，乃冯玉祥部将冯云亭在20世纪30年代以冯华堂的名义购地置建，于右任自1946年5月直至去台湾前一直在此居住。宁夏路2号是一座闹中取静的独立庭院，主楼为西式三层洋楼，总建筑面积662.3平方米，宅内设施齐全，主楼坐北朝南，高三层，粉色外墙，尖顶，青平瓦屋面，钢门钢窗，一楼带内廊，二楼带阳台，三楼老虎窗采光，另有2幢平房，院内花草繁茂，环境及房屋保护均很好。2006年，宁夏路2号于右任公馆旧址被列为南京市文物保护单位。

于右任（1879—1964），字右任，原名伯循，别署刘学裕，笔名神州旧主、太平老人等，出生于陕西三原泾阳一个贫寒之家，17 岁考中秀才，25 岁中举，在进京参加科考时，因参加反清活动被清廷秘密通缉，此后过着流亡生活。后来，于右任结识了孙中山，并以办报办学方式继续从事反清革命活动。辛亥革命后，于右任先后任南京临时政府交通部次长、陕西靖国军总司令等职。1923年，于右任与叶楚伧等人创办上海大学并任院长，1924年在国民党一大上被选为中央执行委员，1927年任陕西省政府主席，1930年任国民政府监察院院长直到去世。于右任以正直厚道、书艺精湛而闻名于世，并以书法、诗和美髯“三绝”享有盛誉。南京解放前夕，周恩来曾派于右任的女婿屈武专程赴宁，捎口信给于右任，希望他能留在大陆，但于右任此时已身不由己，在1949年4月21日清晨被人强行拉上飞机，抛妻别女，离开了大陆。

到台湾后的于右任，虽然不问时政，以吟诗书法为事，但时刻心系大陆，思乡之情常萦于心间。1964年元旦刚过，他强撑病体，写下遗嘱云：“愿葬于玉山或阿里山树木多的高处，可以时时望大陆。”写到此处，他又挥笔写下了催人泪下的悲歌《望大陆》，诗曰：“葬我于高山之上兮，望我大陆；大陆不可见兮，只有痛哭！葬我于高山之上兮，望我故乡；故乡不可见兮，永不能忘！天苍苍，野茫茫，山之上，国有殇！”

1964 年 11 月 10 日，于右任因肺炎不治辞世，享年 85 岁。

陈布雷公馆旧址位于南京市鼓楼区颐和路 6 号和江苏路 15 号（原湖南路 508 号）。

颐和路 6 号陈布雷旧居，原为国民政府实业部农业司司长徐廷湖所有。徐于 1936 年购地 989.01 平方米兴建了 1 幢 9 间西式三层花园楼房和 1 幢 2 层 2 间西式小洋楼，以及三进 5 间砖木结构西式平房与 1 间旧式平房。主楼坐北朝南，假三层，坡顶红瓦，带壁炉和老虎窗，部分窗户为拱形，建筑面积约 320 平方米，附属小二楼及平房也均为西式。抗战爆发前，陈布雷一家一直居住于此。目前，该处为东部战区使用，房屋保护一般。

江苏路 15 号（原湖南路 508 号）陈布雷公馆旧址，建于 1934 年，院落占地面积 727.8 平方米，建有砖木结构的西式洋房 1 幢，另有平房 2 进 6 间，原产权人为夏贞汶。抗战胜利后，陈布雷一家居住于此。1948 年 11 月 13 日陈布雷在此自杀身亡。目前，该处现有主楼 1 幢，主楼坐北朝南，楼高二层，青砖外墙，坡顶青瓦，南侧中部突出，带多边形露天阳台，一楼东南侧为一方形内廊，大门在内廊东侧，黑灰色门窗，建筑面积约 280 平方米。

陈布雷（1890—1948）,字彦及，又字曰彦，原名训恩，笔名布雷，别号畏垒，后以笔名布雷行世，浙江慈溪人，是蒋介石的小同乡。早年入私塾，稍长就读于杭州浙江高等学校，开始关心时政，毕业后任上海《天铎报》《商报》《时事新报》等报主笔，以文才闻名于时，曾两任浙江省教育厅厅长。陈布雷自 1927 年跟随蒋介石后，颇受蒋的器重与青睐。后历任蒋介石侍从室第二处主任、国府委员、教育部次长、宣传部副部长、行营设计委员会主任、国民党中央政治会议副秘书长和秘书长、总统府国策顾问等职，极受蒋介石的信任，被称为蒋介石的“文胆”兼“军机大臣”。

1948 年 11 月 11 日上午，国民党中央政治委员会举行临时会议，陈布雷列席。曾不断向蒋介石进言的陈布雷，再次当面“忠谏”，不意却遭蒋介石的责骂。蒋介石历来对陈布雷以客卿相待，从来没有像今天这样极为粗暴地对待自己的“文胆”。陈布雷与蒋介石 20 余年的友情也蒙上了阴影。陈布雷回到湖南路 508 号寓所后，蒋介石的责骂犹言在耳，内心充满了无限的羞愧与懊悔。面对当前严酷的军事、政治与经济形势，国民党统治岌岌可危，物价飞涨，民不聊生，陈布雷百思不得其解，深感心力交瘁，更感到回天乏力，意识到国民党在大陆的统治气数将尽。子夜时分，陈布雷在寓所留下数封遗书后，服大量安眠药自杀，走完了他那处世平和而又奇特的 58 年人生旅程。

陈布雷公馆旧址

何应钦公馆旧址

何应钦公馆旧址位于南京市鼓楼区汉口路 22 号（原斗鸡闸 4 号）。

该公馆旧址始建于 1934 年，西式风格别墅。1937 年 12 月毁于战火。1945 年秋，何应钦回南京后在原址又予重建，翌年 3 月竣工。重建后的何公馆坐北朝南，西班牙式风格，占地面积 7782 平方米，建筑面积 2869 平方米，计有二层楼房 3 幢，三层楼房 1 幢，另有附属平房。现仅存 1 幢主楼。此楼坐北朝南，高为三层，坡顶上铺蓝色琉璃筒瓦，拱形门窗，黄墙砖框，建筑面积 869 平方米，现为南京大学台港澳事务办公室及国际合作与交流办公室，房屋保护状况良好。2006 年，何应钦公馆被列为江苏省文物保护单位。

何应钦(1889-1987)，字敬之，祖籍江西临川，1889年4月2日生于贵州省兴义县黄草坝泥荡村一个农民家庭，早年在老家入私塾，后离家求学。1908年，进入武昌第三陆军中学，后由清政府公费派往日本陆军士官学校第十二期学习军事。1911年辛亥革命爆发，正在日本求学的何应钦，回上海参加起义，并任职于沪军都督陈其美麾下。1913年，二次革命失败后,何应钦重回日本士官学校并完成学业。1916年，毕业回国后任职于黔军王文华(何妻王文湘之兄)部。1924年，黄埔军校初创时，何应钦任该校少将总教官和第一期开学典礼阅兵式指挥员。1925年，由黄埔军校第一期学生编成的两个教导团,奉命参加东征。在棉湖战役中，时任第1团团长的何应钦，指挥所部与数倍于己的敌军决战，最终取胜。1936年西安事变爆发后，何应钦主张发兵讨伐张学良、杨虎城，并自任“讨伐军”总司令,欲置蒋介石于死地。后经各方及中共调停，西安事变终得和平解决。从此，蒋介石对何的态度发生了变化，若干年后，褫夺了何的军政部长一职，让心腹爱将陈诚取而代之。1930年至1944年，何应钦历任国民政府军政部部长兼第四战区司令长官、军委会参谋总长等职。1944年11月后，历任同盟国中国战区中国陆军总司令、重庆行辕主任、国防部长、行政院长等职，为陆军一级上将。1949年4月，何应钦随蒋介石败退台湾。晚年的何应钦，在台北家中“闭门思过”，不问政事，于1987年10月21日因心脏衰竭病逝于台北，终年百岁虚龄。

陈诚公馆旧址

陈诚公馆旧址位于南京市鼓楼区普陀路 10 号、10-1 号。

普陀路 10 号陈诚公馆旧址，院落占地面积 2250 平方米，建筑面积 1251.9 平方米，主楼坐北朝南，西式三层，混砖结构，木质门窗，二楼设露天阳台，三楼为尖顶带老虎窗，另建有西式平房 3 幢。该公馆是陈诚在 20 世纪 30 年代构建。1948 年 6 月，陈诚携家眷离开南京后，该建筑由其弟陈正修居住。该处现为东部战区干部住宅，房屋保护状况很好。2006 年被列为南京市文物保护单位。

陈诚（1898—1965），字辞修，别名石叟，浙江青田高士镇人，出生于一个书香门第。1913 年，陈诚离开家乡到丽水省立第十一师范学校就读。毕业后，于 1918 年考入保定军官学校第八期炮兵科。1922 年 6 月分配到浙军第二师第 6 团任少尉排长，1923 年 3 月与团长邓演达一起调入粤军，被任命为上尉特别官佐。后因夜读《三民主义》，被巡视的蒋介石看到，给蒋留下深刻印象，从此得到其信任。在 1925 年 2 月东征讨伐陈炯明的战役中，因攻打棉湖时表现出色，陈诚被提升为炮兵营营长。当时，陈诚指挥所属炮兵，在棉湖之役中，以 3 发炮弹连中陈炯明的军营，因此获得了“三炮起家”的美誉，受到了苏联顾问鲍罗廷的激励与奖赏，更受到了蒋介石的青睐，从此一路青云直上。

1926 年 7 月，陈诚率部参加国民革命军北伐，任国民革命军总司令部中校参谋，旋升为第 21 师第 63 团团长。翌年 4 月，陈诚又升任第 21 师师长。1930 年，在蒋、冯、阎“中原大战”中，陈诚因率部解山东曲阜之围有功，以功升任第 18 军军长。1931 年 5 月，陈诚任第二路集团军总指挥，率部参加对中央苏区红军的第三次“围剿”。1933 年 2 月，陈诚又出任赣粤闽边区“剿共”中路总指挥，率 11 个师参加对中央苏区红军的第 4 次“围剿”。

1937 年 7 月 7 日抗战全面爆发后，陈诚力主抗日，先后任第四集团军司令，第一、三、六战区司令长官，相继指挥所部参加淞沪、武汉、宜昌等大规模会战，还担任过中国远征军司令长官。1945 年 8 月 15 日，陈诚出任国民政府军政部部长兼军政部后勤总司令。1946 年，陈诚就任参谋总长兼海军总司令。1946 年 2 月，陈诚晋升为陆军一级上将。1946 年 6 月 26 日，全面内战爆发。1947 年 8 月 20 日，陈诚接替熊式辉任东北行辕主任。9 月 14 日至 11 月 5 日，国民党军近 7 万人被歼，陷入了被动局面。陈诚闻讯后胃病复发，吐血不止，只得于 1948 年 2 月返回南京普陀路 10 号寓所静养，旋到上海国防医学院开刀，由卫立煌接任其在东北的军职。1948 年底，陈诚被蒋介石派往台湾，为蒋退出大陆准备后路。

陈诚是蒋介石的浙江同乡，也是蒋最重要的心腹，他一生追随蒋介石数十年。晚年，陈诚坚决反对“两个中国”之论，他在遗嘱中没有提及“反共”“伐共”。周恩来总理听到后说：“陈辞修是爱国的人，他坚决反对美国制造‘两个中国’，可惜他身体不好……”1965 年 3 月 5 日，陈诚因感冒引起肺支气管炎和肝癌逝于台北，终年 67 岁。

顾祝同公馆旧址

顾祝同公馆旧址位于南京市鼓楼区颐和路 34 号。

颐和路 34 号建筑是顾祝同以其次兄顾祝信之名于 1937 年所建。该院落占地面积 2252.6 平方米，建筑面积 921.4 平方米，建有房屋 6 幢 27 间；主楼为西式三层楼房，砖混结构，木质窗，红瓦黄墙，一楼朝阳面有内走廊，二楼有内阳台，三楼有露天阳台，布局合理，采光充沛。另有西式平房 1 进 7 间，防空洞 1 个。该公馆现由东部战区后勤部使用，仅剩 1 幢主楼、3 幢平房、1 座防空洞，总建筑面积约 600 平方米，房屋保护较好。2006 年，顾祝同公馆旧址被列为南京市文物保护单位。

顾祝同（1891—1987），字墨三，江苏涟水人，出生于农民家庭。早年先后毕业于江苏陆军小学、武昌陆军第三中学、保定军校第六期步兵科。1921 年，顾祝同南下广州任许崇智部教导队区队长。1924 年任黄埔军校战术教官兼管理部代主任，后任教导团第 1 营营长，先后两次参加讨伐陈炯明的东征战役。1926 年北伐开始后，他一路青云直上，先后任师参谋长、副师长、师长等职，1927 年 4 月被擢为第 9 军军长，成为蒋介石的心腹爱将，所部也成了蒋的嫡系主力部队之一。1930 年后，顾祝同历任第 1 军军长、第 16 路军总指挥、洛阳行营主任、国民政府警卫军军长兼第 1 师师长、国民党中央执行委员、江苏省政府主席、南昌绥靖公署主任、贵州省政府主席、西安行营主任兼第 1 集团军总司令、第三战军区司令长官、徐州绥靖公署主任、陆军总司令、国民政府国防部总参谋长等要职，是1941年1月皖南事变的实际执行者。1949年10月，顾祝同任西南军政长官，翌年3月败退台湾。1987年1月17日凌晨，顾祝同病殁于台北三军总医院，终年 96 岁。

翁文灏公馆旧址

翁文灏公馆旧址位于南京市鼓楼区五台山百步坡 1 号。

百步坡 1 号为翁文灏于 1948 年以翁咏霓之名所建，占地面积 1884.9 平方米，建筑面积 534.2 平方米。该建筑用钢筋水泥浇灌，西式风格，坐北朝南，楼高二层，青砖及白色勾缝外墙，坡顶青瓦，整幢房型为“直角型”，一楼内廊廊柱为米黄色，二楼带露天阳台。该主建筑保护很好，但平房等已被拆除。2006 年，百步坡 1 号翁文灏公馆旧址被列为南京市文物保护单位。

翁文灏（1889—1971），字咏霓，别名章存、悫士、永年等，浙江省鄞县石塘镇人，出生于一个亦农亦商的士绅家庭。1903 年，14 岁的翁文灏秀才及第。1908 年，曾在上海震旦学校主攻法文和数学的翁文灏留学比利时，在鲁汶大学主攻地质，1912 年获理学博士，是第一位获得此学位的中国人。1913 年回国，在全国留学生文官考试中获得第一名，被任命为农商部地质科签事，旋与著名地质学家丁文江等创办中国第一个地质研究所（班），为中国现代地质学研究奠定了基础，为中国培养了第一代地质人才。后来，翁文灏一度在清华大学任教并代理该校校长。1922 年，翁与竺可桢等组建中国地理学会。1931 年秋，因国民政府教育部常务次长兼国民政府秘书钱昌照之荐，翁文灏与蒋介石相见。1935 年 10 月，翁文灏步入政坛，成为蒋的高级幕僚，出任国民政府行政院秘书长，并以干练的工作实绩而被誉为“学者从政”的模范。抗战爆发后，翁文灏任经济部部长，旋兼国民政府资源委员会主任委员等职，主持玉门油田的勘探与开发，为大西南、大西北的开发和建设作出了可贵的贡献。1948 年，翁文灏任国民政府行政院院长，旋又辞职。1949 年 2 月，改任李宗仁代总统的总统府秘书长。南京解放前夕，翁文灏辞去本兼各职，前往香港定居。1951 年初，翁文灏排除重重阻挠，由香港转至西欧，后取道法国回到大陆。回国后，翁文灏先后担任全国政协委员、中国国民党革命委员会中央常委等重要职务，投身于新中国建设行列，特别是对新中国的地质学研究与建设，以及大西北的开发，贡献尤为显著。1971 年 1 月 27 日，正直爱国的地质学家翁文灏先生因病逝于北京，享年 82 岁。

汤恩伯公馆旧址

汤恩伯公馆旧址位于南京市鼓楼区珞珈路 5 号。

珞珈路 5 号始建于 1935 年。1946 年 7 月，汤伯恩以其妻王竟白的名义，从房主林宛文手中购得此房。该院落占地面积 748 平方米，有砖木结构的西式洋房 1 幢、平房 3 进 10 间和玻璃花房 1 座，建筑面积 441 平方米，其中主楼坐北朝南，平面呈“U”形，中部三层，两翼二层，建筑面积约 280 平方米。该处现为东部战区使用，房屋保护状况较差。汤恩伯公馆旧址现为南京市文物保护单位。

汤恩伯（1900—1954），乳名寄法，一名其法，又名克勤，以字恩伯行世，浙江省武义县汤村镇人，出生于一个破落地主家庭。汤恩伯早年毕业于浙江体育专科学校，1920 年考入援闽浙军讲武堂攻习军事，毕业后任浙军第 1 师排长，1922 年 3 月考入日本东京明治大学，在同学兼武义县首富董维梓的支持下得以赴日留学。1925 年，他又在同乡陈仪的帮助下，入日本陆军士官学校十八期留读。1927 年夏，刚毕业的汤恩伯在时任浙江省省长陈仪的推荐下，到南京陆海空军总司令部参谋处任中校参谋。期间，汤氏所撰军事情报《步兵中队（连）教练之研究》，博得了蒋介石的赏识，再由陈仪推荐任蒋介石总司令部作战科科长，后任中央军校上校大队长，开始受到蒋的器重，擢升极快。1931 年，汤恩伯任第 2 师师长，率部进攻赣东北、鄂豫皖及中央苏区红军，后又率部参加对中央红军的第五次“围剿”。

1937年全面抗战爆发后，汤氏率部在南口抗击日军进攻，重创敌军，同年10月晋升为第20军团军团长，翌年6月改任第31集团军总司令，此后相继参加了台儿庄会战、武汉保卫战、随枣会战等战役。1942年，汤氏任第一战区副司令长官兼鲁苏皖豫边区总司令。1944年4月，汤部在豫中会战中溃败而受撤职留任处分，9月调任黔桂边区总司令。1945年3月，任陆军第3方面军司令官，率部参加“桂柳追击战”。抗战胜利后，汤恩伯率部进驻上海并主持宁沪杭地区日军受降仪式。1945年12月，改任徐州绥靖公署副主任。

1949 年初，汤伯恩将时任浙江省省长兼恩师的陈仪拟与他一起策动起义的亲笔信送交给蒋介石，致使陈遭蒋软禁并在被转押至台湾后被害。经此一案，汤恩伯也背上了“恩将仇报”“卖师求荣”的骂名。

1954 年 6 月 29 日，汤恩伯因患十二指肠之疾到在日本庆应大学医院动手术，最后死在手术台上，终年 54 岁。

阎锡山旧居

阎锡山在南京的旧居位于南京市鼓楼区颐和路 8 号。

这幢建筑是汪叔梅在1936年兴建，占地面积2441平方米，建筑面积881平方米，是中西合璧式的别墅。主建筑坐北朝南，二层，钢筋混凝土结构，绿色釉华瓦屋脊，黑色筒瓦屋面，钢门钢窗，装潢精雅，二楼露天阳台宽敞如坪，四方顺水，色彩协调，雍容华贵，高雅不凡，另有西式平房、门房、厨房、汽车房等附属建筑，计有各种房屋46间。院内植一棵雪松，院墙四周砌有假山，并植有芭蕉、松柏和一些花草等，汪叔梅任汪伪中央储备银行董事长时赠予汪精卫，成为汪精卫公馆之一。抗战胜利后，该处作为“逆产”被国民政府没收并拨给阎锡山居住，现为江苏省文物保护单位。

阎锡山（1883—1960），字百川，别号龙池，乳名万喜，山西五台河边村人。幼读私塾，16岁随父学商。1902年考入山西武备学堂，1904 年 7 月被保送到日本留学，初入东京振武军事学校，结业后进入日本陆军士官学校第六期。1905年加入同盟会。1909 年从士官学校毕业后回山西任山西陆军小学堂教官、监督。当年 10 月，奉召赴京参加陆军部举办的留日归国士官生会试，考列上等（分优上中三等），被赏给陆军步兵科举人并授予协军校的军衔，次年春升任山西新军第 43 协第 86 标教练官与标统。

辛亥革命后，阎锡山率部起义，占领巡抚衙门，任山西大都督。此后，他依附袁世凯，支持袁当皇帝，袁世凯便任命阎锡山仍为山西都督，并封其为一等侯。袁死后，阎氏又投靠北洋军阀段祺瑞，1916 年 7 月任山西督军，1917 年又兼省长，山西的军政大权从此集于阎锡山之一身。

在第二次直奉战争时，阎锡山望风而动，纵横捭阖于各派军阀之间。在北伐战争取得胜利的形势下，阎锡山接受了蒋介石的“北方国民革命军总司令”委任状，随即将军队扩编为 8 个军。在跟随蒋介石北伐张作霖期间，他被任命为平津卫戍总司令，管辖晋、冀、察、绥四省及平津两大城市，势力达到他一生的顶峰。此后，阎锡山、冯玉祥等联合发动中原大战，反对蒋介石。阎锡山部在中原大战中很快溃败，阎不得不化妆秘密潜逃到大连。九一八事变后，阎锡山被恢复为国民党中央执行委员，并于1932年出任太原绥靖主任，重掌山西的军政大权。1935年被授予陆军一级上将。抗战全面爆发后,阎锡山任第二战区司令长官，相继组织指挥了娘子关之战、忻口战役、平型关战役及太原保卫战，太原失守后南撤至临汾。

1949 年 3 月，解放军包围太原，阎锡山借开会之名逃往南京。到南京后，阎锡山住在首都饭店（今华江饭店）。代总统李宗仁为笼络阎锡山，将颐和路 6 号即现在颐和路 8 号拨给他居住。不料，阎锡山刚住了 7 天，便在解放军渡江的炮声中坐专机飞到广州。

1949年6月，阎锡山在广州被任为行政院长兼国防部长，12月到台湾。1960年5月病故于台北。

张治中公馆旧址

张治中公馆旧址位于南京市鼓楼区沈举人巷 26 号、28 号。

该建筑为 2 幢西式带阁楼的假三层楼房，始建于 1934 年，院落占地面积 1631.1 平方米，建筑面积 495 平方米，砖混结构，青平瓦屋面，青砖清水外墙。2006 年 6 月，张治中公馆被列为南京市文物保护单位。

张治中（1890—1969），原名本尧，字警魂，后更字文白，安徽巢县人，出生于一个农民兼手工业者家庭。6岁在家乡私塾就读，早年当过学徒工、警察等。辛亥革命后，张治中受到孙中山先生影响，1917 年，到广东参加护法运动。1924 年初，张治中奉命参与黄埔军校的筹建工作，历任该校军事研究委员会委员、入伍生团团长、学生总队队长、军官团团长等职，与周恩来、熊雄、恽代英等共产党人关系密切。北伐开始后，张治中担任武昌中央军事政治学校分校教育长兼学兵团团长。1928年7月，张治中被任命为军事委员会教育长，任职长达10年。1932年“一 · 二八”淞沪抗战时，张治中出任第5军军长，协同 19 路军作战，留下遗书，决心“以身殉国”。1937 年“八一三”上海抗战时，张治中奉命担任第 9 兵团总司令兼左翼总司令，1939 年调任蒋介石侍从室第 1 处主任，主管军事。此外，张治中还担任过湖南省政府主席、军委会政治部部长、西北行营主任兼新疆省政府主席等职。

1949 年 4 月初，作为国民政府首席和谈代表，张治中率团飞往北平，与中共代表谈判。当国共双方达成的和谈协定被国民党当局拒绝后，张治中对国民党政府彻底失望了，后在周恩来的劝说下留在了北平。6 月 20 日，被国民党开除党籍、撤销一切职务的张治中，在北京郑重发表《关于时局的声明》，宣布加入人民阵营，并为新疆等地的和平解放做出了重要贡献。中华人民共和国成立后，张治中先后担任中央人民政府委员、全国政协常委、国防委员会副主席、全国人大常委会副委员长等领导职务，为新中国的建设事业做了很多有益工作，1969 年 4 月 6 日，因病在北京逝世，享年 80 虚岁。

熊斌公馆旧址位于南京市鼓楼区江苏路 27 号、29 号。

江苏路 27 号建于 1934 年，院落占地面积 1031 平方米，建有砖木结构的西式楼房 1 幢、附属平房 4 幢，原产权人刘凤仪，后熊斌以妻卢韵琴之名购入。该处现有主楼1幢，坐东面西，假三层，黄色拉花外墙，坡顶，西南侧稍突出，上带露天阳台，西北侧为半圆形，紫色门窗，建筑面积约380平方米。

江苏路 29 号为熊斌以其妻卢韵琴之名于 1937 年购地 1047.5 平方米，建成砖木结构的中西式楼房 2 幢，平房数间，建筑面积共 746.5 平方米。目前，该处有楼房 1 幢，楼房坐东北面西南，假三层，黄色拉花外墙，坡顶红瓦，一楼中部为直角内廊，二楼中部分东西、南北两个方形带露天阳台，南侧西侧为突出多边形，顶上带突出多边形小阳台，北侧顶上为大露天阳台，建筑面积约 400 平方米。

熊斌（1894—1964），字哲明，湖北礼山（今大悟）人。早年先后入广西陆军干部学校、奉天讲武堂、陆军大学学习。武昌起义时任湖北军政府北伐第一军参谋。1926 年冯玉祥于五原誓师，就任国民革命军联军总司令，熊斌任国民革命军联军总司令参赞，第二年任国民革命军第二集团军总参议。1927 年后任国民政府军事委员会委员、军政部航空署署长、中国航空公司副理事长等职。

1930 年中原大战爆发，熊斌辞去国民政府航空署署长一职，周旋于蒋、冯、阎之间游说，因而受到蒋介石的器重。

1933 年春，日本关东军攻占山海关，继而占领热河，奉蒋介石之命，熊斌以参谋本部厅长、陆军中将身份前往北平，助理军事委员会北平分会委员长何应钦。5 月 21 日，唐山、密云、香河等县相继失守，通县危在旦夕。何应钦、张群遂派熊斌为代表，赴塘沽与日军代表、关东军参谋次长冈村宁次开始正式谈判。翌日，熊斌最后根据蒋、汪“一切条件均可答应”的指令，被迫在《塘沽停战协定》上签字，它标志着日本侵略东北计划的完成和全面侵略华北的开始，这也是熊斌一生无法洗掉的污点。

抗战结束后，熊斌任国民政府北平市市长，曾恰当地处置了伪币问题，为民做了一些好事。1949年，北平和平解放前夕，熊斌去往台湾，1964年去世，终年 70 岁。

熊斌公馆
旧址

胡琏公馆旧址

胡琏公馆旧址位于南京市鼓楼区牯岭路 10 号。

牯岭路 10 号院落占地面积 900 平方米，建筑面积 401.9 平方米，西式风格，主楼在院内东北部，坐北朝南，假三层，米黄色外墙，人字顶，小红筒瓦带老虎窗和壁炉，东南侧突出半圆，顶上为半圆形露天阳台，拱形正门，另有平房、车库等。该处现为东部战区使用，房屋保护状况较好，2006 年被列为南京市文物保护单位。

1926年1月，胡琏考入黄埔军校第四4期，与后来成为中共元帅的林彪为同学。在军校期间，成绩优秀的胡琏加入了“孙文主义学会”。1926年秋，胡琏参加北伐，到司乡关麟征手下任职。1930年参加“中原大战”，因功被提拔为营长。1933年，年仅26岁的胡琏晋升为少将团长。淞沪抗战时，胡琏率部连续打退日军数十次进攻，晋升为第119旅旅长。之后，胡琏参加了湖北、湖南会战，并晋升为18军第11师师长。1939年5125日，胡琏率部与日军激战于石牌要塞，杀得日军闻风丧胆。石牌一战，布力地配合了鄂西大捷，沉重地打击了日军的祟张气焰，打出了中国军队的威风，大长了中国军民的抗战士气，蒋介石亲授其青天白日勋章。不久，胡琏出任蒋介石侍从室参谋，旋升第18军军长。

1946 年 6 月，全面内战爆发，胡琏率第 18 整编军相继参加定陶、莱芜战役，成为刘伯承的“对手”。淮海战役时，胡琏任国民党军第 3 兵团副司令，黄维和胡琏所率第3兵团精锐十数万人被解放军全歼于淮海战场，兵团司令黄维被俘，胡琏驾驶坦克横冲直装地逃出了战场，回到南京，请求蒋介石“以军法处罚自己”，蒋却予以“抚慰”。

1949 年初，蒋介石任命胡琏为第 2 编练司令部司令官兼第 12 兵团司令。1950 年，胡琏任“福建省主席”及“人民反共救国军”总指挥，与解放军第 10 兵团激战于金门，为蒋介石保住台湾立下了汗马功劳，更得到了蒋介石的器重。晚年的胡琏潜心于中国历史研究，并就读于台大历史研究所博士班。

1977 年 6 月 23 日，胡琏因心肌梗塞在台北病故，终年 70 岁。

郑介民公馆旧址

郑介民公馆旧址位于南京市鼓楼区天目路 18 号。

郑介民（1897—1959），原名庭炳，字耀全，号杰夫，广东文昌（今属海南省）人，出生于一个破落地主之家。郑介民17岁入广东琼崖中学读书，期间秘密参加孙中山组织的琼崖民军陈继虞部并担任书记，后因遭军阀警察追捕而逃往马来西亚，更名“介民”并以此行世。当他得悉黄埔军校招生时，即回乡考入黄埔二期。在校期间，郑介民以“华侨”自居，经黄珍吾介绍加入“孙文主义学会”，与贺衷寒等成立组织，与“青年军人联合会”对抗，从事反共活动。黄埔军校毕业后，郑介民又赴苏联莫斯科大学学习。四一二事变后，郑介民回国并将所著《民族斗争与阶级斗争》一书献给蒋介石,甚得蒋氏赏识，旋任蒋氏官邸副官,并于1927年入陆军大学将官班第三期学习。1932年，复兴社成立,郑氏作为戴笠的副手被任为副处长。1937年全面抗战爆发后，军统局成立,郑介民兼任军统局主任秘书，主管对日作战情报，后任军事委员会军令部第二厅中将厅长，负责掌管情报工作。“珍珠港事件”后，郑介民被任命为军令部第二厅中将厅长。1946年3月，戴笠因飞机失事身亡，郑介民接替戴氏出任军统局局长。同年10月，军统局更名“保密局”，郑兼任局长。1949 年，退到台湾。

徐恩曾公馆旧址

徐恩曾公馆旧址位于南京市鼓楼区西流湾6-1号和许家桥19号。

西流湾6-1号，始建于20世纪30年代，坐北朝南，西式别墅风格，楼高两层，砖木结构，粉黄色与红砖相间外墙，坡顶青瓦，建有壁炉，占地面积1334平方米，建筑面积240平方米。

许家桥19号坐北朝南，西式风格，青砖黑瓦，水泥外墙，人字坡顶，临河而建，开门朝北。楼高二层，一楼为内廊，二楼露天阳台，木制门窗，建筑面积265平方米。目前，该建筑面貌陈旧，现正在进一步维修。

徐恩曾(1896-1985)，字可钧，浙江吴兴人。幼年生长于上海曹家渡，稍长就读于南洋公学、上海交通大学，后赴美留学攻读电气工程。1927年回国，先后任职于国民党江苏省党部、中央广播电台等处，因与陈立夫、陈果夫是表兄弟关系，故在1930年就担任了国民党中央组织部调查科主任。1937年，改任国民政府军事委员会调查统计局一处处长。翌年，中统局成立，徐恩曾任副局长，旋升为局长。此后，徐还担任过国民党中央执行委员会委员、交通部次长等职。抗战胜利前夕，徐恩曾因参与走私案发触怒蒋介石，被撤销本兼各职。此后，从高官位置上跌落下来的徐恩曾便绝意仕途,依靠原来的各种关系，做起贸易生意，大发横财。

徐恩曾早年在美国留学，喜欢按美国人的派头打扮自己，表面上看似衣冠楚楚，道貌岸然，私生活却极为不堪。1949年10月，徐恩曾携家人离开大陆，前往台湾，死于1985年，终年89岁。

周至柔公馆旧址

周至柔公馆旧址位于南京市鼓楼区琅琊路 9 号。

琅琊路 9 号院落占地面积 1525.6 平方米，建筑面积 698.2 平方米，西欧别墅式建筑风格，主楼坐西朝东，假三层，尖屋顶，砖混结构，另建有西式平房、附属楼等计 4 幢 25 间，院内松杉棕竹、梅兰菊桂，花树繁茂，生气盎然。该处现为东部战区使用，保护状况较好。2006 年，周至柔公馆旧址被列为南京市文物保护单位。

周至柔（1899—1986），原名百福，字至柔，并以此字行世，浙江省临海县东塍镇人，是蒋介石的发妻毛福梅的姨外甥。1919年，周至柔毕业于临海浙江第六中学，后考入保定军校第八期步兵科，与陈诚、罗卓英等著名将领是同学，又与陈、罗结为异姓兄弟，誓共进退。1922 年，周至柔离开军校，任浙江军第 2 师少尉连长。1924 年，周至柔南下广州，任黄埔军校兵器教官，曾参加讨伐陈炯明的两次东征战役。1926 年国民革命军北伐，周至柔任第 21 师补充团团长，旋任师参谋长。“四一二”事变后，周至柔任军事委员会第二厅长江上游办事处少将主任。1930 年，率部参加“中原大战”，因功升任第 18 军第 14 师师长，翌年晋为中将师长。其后，他参与对中央苏区红军“围剿”并获国民政府明令嘉奖。周至柔得到宋美龄的赏识，并在陈诚的推荐下前往欧美各国考察空军，后被任命为中央航校校长兼教育长。1935 年国民政府航空委员会成立，蒋介石亲任航空委员会委员长，周至柔任主任，具体负责全国航空工作，培养了数期空军飞行员。抗战全面爆发后，周至柔任航空委员会空军前敌总指挥，并于 8 月 14 日指挥中国空军，在上海创造了击落日机6架、击伤1架而我无一伤亡的记录，取得首战告捷的胜利，国民政府将这一天定为“空军节”。其后，周至柔还指挥中国空军抗击日军，先后击落日机 200 余架，为抗战胜利立下了战功。1945 年 5 月，周至柔当选为国民党第六届中央执行委员，继任军事委员会委员长侍从室第一处主任。1946 年，国民党航空委员会改组为空军总司令部，周至柔出任空军总司令。

作为蒋介石的亲戚和亲信之一，周子柔于1949年随蒋介石去了台湾。此后，周至柔改做体育运动事业。1986年8月29日，周子柔因心脏病突发逝于台北，享年87岁。

谷正伦公馆旧址位于南京市鼓楼区人和街 9 号。

人和街 9 号建筑建于 1946 年，曾用作美国大使馆宿舍。1948 年谷正伦以其子同生之名将该处买下，占地面积 1642 平方米，建筑面积 449.3 平方米，主楼是中西合璧式，二层楼房，坐西面东，砖混结构，黄色水泥拉毛外墙，青色筒瓦屋面，木制门窗，二楼带露天阳台，另有平房 1 幢 4 间、车库 1 间。现为部队干部住宅，房屋保护较好。2006 年，谷正伦公馆旧址被列为南京市文物保护单位。

谷正伦（1890—1953），字纪常，贵州安顺人，国民党要员谷正纲、谷正鼎的胞兄。谷正伦早年就读于贵州陆军小学，毕业后考入武昌陆军中学，1908 年考为清政府委派的公费日本留学生，赴日本入士官预备科振武学校炮兵科学习，后又入日本陆军士官学校第十一期学习军事，与何应钦、贺耀组、朱绍良等皆为同学。1909 年，谷正伦在日本加入同盟会。辛亥革命期间，谷正伦放弃学业，毅然归国赶往武昌军政府总指挥部，被委任为湖北军政府少校副官，旋任黄兴陆军总长府科员。“二次革命”时期，谷正伦受袁世凯通缉潜往日本继续学业。1916 年，完成学业后回国，任黔军炮兵团团长。1920 年 8 月，谷氏被晋为黔军第 2 旅旅长，翌年 4 月改任贵州南路卫戍司令。1921 年 12 月，孙中山在广西桂林设立大本营，拟行北伐，谷正伦被委以黔军援桂第四路军司令，率部配合各军攻占柳州，又被委为大本营直辖军总司令。陈炯明叛变后，孙中山离职前往上海，谷正伦改投旧时留日同学贺耀组的湘军任职。1926 年 9 月，贺耀组率湘军响应北伐，谷成了贺的副手。1928 年 1 月，谷正伦被委以南京卫戍区副司令兼戒严司令。自此，谷正伦开始接手经营国民党宪兵建设，被国民党内部誉为“宪兵之父”，由此进一步得到蒋介石的信任，从而成为蒋介石的忠实亲信和重要干将。1932 年至 1948 年，谷正伦历任南京警备司令、首都卫戍司令、代理南京市市长、宪兵司令、甘肃省主席、粮食部部长兼政务委员、贵州省主席等职。1949 年 11 月，贵州解放前夕，谷因胃病离职前往香港治疗，不久即随蒋介石前往台湾。1953 年 11 月 3 日，谷正伦病逝于台北，年仅 63 岁。

谷正伦公馆旧址

戴季陶公馆旧址位于南京市鼓楼区华侨路 81 号。

华侨路 81 号是戴季陶在南京任考试院院长期间，于 1929 年在五台山半山上购地兴建的。院内原还有多处花房草亭、瓦亭等，现仅剩西式二层计 18 间洋楼和平房各 1 幢，主楼坐西朝东，青砖黑瓦，砖木结构，一楼有突出门廊，二楼带露天阳台，木制门窗，内部楼上楼下格局相同，装修考究。楼房右侧是平房一进约 3 间，青砖黑瓦，老虎窗采光，作卫生间和厨房等之用，总建筑面积约 300 平方米。该处现为部队干部使用，保护一般。2006 年，华侨路 81 号戴季陶公馆旧址被列为南京市文物保护单位。

戴季陶（1891—1949），原名良弼，后更名传贤，字选堂，又字季陶，号天仇，晚号孝园，后取法号“不空”，以季陶行世。原籍浙江省吴兴县，出生于四川省广汉县一个小康之家。1905 年东渡日本，入东京日本大学法科学习。期间，与孙中山相交并加入同盟会，此后追随孙中山参加反清革命，后来还成了蒋介石未发迹时的把兄弟。1909 年夏毕业回国，被江苏巡抚委为江苏地方自治研究所主任教官。1912 年在上海参与创办《民权报》，同年 9 月任孙中山机要秘书兼日语翻译。1924 年当选国民党第一届中央执行委员会常委、宣传部长兼黄埔军校政治部主任。1924 年底，孙中山抱病北上，戴氏随行。1925 年 3 月，孙中山病危时，戴季陶与汪精卫、胡汉民等同侍于病榻之侧，由此名声显扬，后来受到蒋介石的重用。1927 年国民政府成立于南京，戴氏被选为国民党中央执委常委兼宣传部部长并出任中山大学校长、考试院院长、国史馆馆长等职。

戴季陶公馆旧址

戴季陶是民国史上富有传奇色彩的人物，他风流成性，初以国民党的“才子”兼理论家的身份起家。在中国政坛及戴公馆内曾上演过不少扎眼的闹剧。首先，戴季陶是国民党内反对马克思主义、反对阶级斗争、反对共产党的反共势力的旗帜，黄埔军校的右派组织“孙文主义学会”公开以“戴季陶主义”为理论武器，国民党右派的西山会议、国民党二届二中全会提出的《整理党务案》，都与戴季陶主义有着密切关系；其次，戴季陶是“攘外必先安内”政策的炮制者；第三，1936年12月，西安事变爆发，戴季陶力主快速出兵，讨伐“叛逆”张学良、杨虎城的主张与何应钦不谋而合，并得到了何氏的首肯。

1949 年 2 月 11 日深夜，戴季陶在广州住房中面对窗外的风雨，大生悲恸凄惨之感，吞食了大量安眠药，结束了 58 岁的生命。

张笃伦公馆旧址

张笃伦公馆旧址位于南京市鼓楼区江苏路33号。

江苏路33号建筑建于1937年，院落占地面积600平方米，建有砖木结构的西式楼房1幢、平房2幢。目前，该处现余主楼1幢，坐北朝南，黄色拉花外墙，假三层，坡顶青瓦，一楼南侧大门为拱形，东南侧为小半圆形上带半圆形小露天阳台，建筑面积287平方米。

张笃伦（1892—1958），字伯常，湖北省安陆县三陂港村人，自幼入私塾就读，后考入湖北陆军小学，再后又毕业于保定陆军速成学堂第一期。辛亥年武昌起义时，张笃伦在沪参加上海光复之役，时任上海警备司令陈其美部营长、团长等职。1917年参加护法运动，1926年率部参加北伐并任汉口市公安局长、代市长，后调军事参议院任中将参议，旋调任蒙藏委员会委员，1938年调任西昌行营主任、第5路第9军副军长。1945年抗战胜利后，张笃伦于是年11月改任重庆市市长，1948年4月调任湖北省政府主席。1949年张氏去了台湾，1958年因病在台北去世，享年66岁。

李士伟
旧居

李士伟旧居位于南京市鼓楼区武夷路 4 号。

武夷路 4 号建筑建于 1935 年，院落占地面积约 900 平方米，建筑面积 415.7 平方米，整个宅院坐北朝南，主楼高二层另加阁楼，大开间，青砖外墙，覆顶小瓦，砖木结构，布局合理，采光充沛，另有西式平房等 4 幢 18 间。院内竹林扶疏，浓荫如盖，清幽宜人，室内设施齐全，为典型的江南民居，新中国成立前曾为英国文化委员会租用，1950 年 4 月该会退租。该处现为省级机关干部住宅，保护状况较好。2006 年，武夷路 4 号李士伟旧居被列为南京市文物保护单位。

李士伟，祖籍河南，民国年间名医。早年先后毕业于北京协和医学院和南京中央大学妇产科，抗战前曾任中央医院妇产科主任；抗战时在重庆当医师，抗战胜利后任位于青岛的山东大学医学院院长。1949 年底赴台湾，以行医为生。

杨公达公馆旧址

杨公达公馆旧址位于南京市鼓楼区江苏路 19 号。

江苏路 19 号建筑建于 1936 年，院落占地面积 723.26 平方米，建有砖木结构的西式楼房 1 幢、平房 1 幢，原产权人许长祥，后杨公达以杨志清名义购得自住。目前，该处有主楼 1 幢，坐北朝南，假三层，粉色拉毛外墙，坡顶红瓦，带老虎窗壁炉，部分窗框拱形，建筑面积240平方米。该建筑与江苏路17号建筑样式相似，并称“姐妹楼”。

杨公达（1907—1972），重庆长寿县人。自幼聪颖，6岁入塾，10 岁拜拔贡栾月舫为师，文章、诗词、书法皆佳，备受其师赏识，后考入重庆联合中学，北平高等师范学校毕业，17 岁自费前往法国留学，先后就读于法国国立政治大学和巴黎大学，专攻国际公法并获政治学学士、法律学博士学位。

1930 年，杨公达学成回国，执教于上海震旦大学，和朱家骅等在南京主办《时事新报》，经常发表社论和时评文章，剖析时局常能一语中的，引起蒋介石的注意，特命该报主笔朱家骅加以引见，被蒋介石特任为立法院委员。杨公达不负蒋介石所望，在主编的《时代公论》公开呼吁“统一党权”，声称要“采取史达林（斯大林）对付托洛斯（茨）基，墨索里尼对付尼蒂的手段，不惜放逐异己的派别，举一网而打尽之”，主张由国民党最有力的一派组织“清一色政府”，建立“元首制”，等等。“杨公达主义”与“戴季陶主义”都是鼓吹建立国民党一党专政的“清一色政府”，采取一切反革命手段，镇压革命力量，使中国变成类似希特勒、墨索里尼那种“领袖独裁制”、实行法西斯专政的国家。朱家骅任中央大学校长时，杨公达任该校图书馆主任、教授和法学院院长。抗战期间，杨公达先后任国民党中央党部秘书、国际联盟中国同志会总干事、国民党重庆特别市党部主任委员、贵州省政府委员兼财政厅厅长等职。抗战胜利后，任国立英士大学校长。1947 年夏，杨公达担任校长的国立英士大学的学生闹起学潮，一是因校舍无着，学生不满，二是校长杨公达常驻南京，忙于竞选国民党立法委员而置学校于不顾，还把学校经费挪作竞选之用，学生们愤怒至极。最终，杨公达无奈辞职。在国民党立法委员竞选中，杨公达虽然败北但仍当上立法委员。

1949 年，杨公达去了台湾，1972 年因心脏病逝于台北。

蒋锄欧公馆旧址

蒋锄欧公馆旧址位于南京市鼓楼区宁海路 11 号。

该建筑建于 1936 年，院落占地面积 895.6 平方米，建有西式洋房、平房各 1 幢，并有一花园，建筑面积 318.7 平方米。主楼建筑坐北朝南，假三层，黄色拉毛外墙，坡顶青瓦，木制门窗，一楼南侧内厅上带露天阳台，该处现由军事单位使用。

蒋锄欧（1890—1978），又名蒋遵通，字素心，号运叟，湖南东安人，国民党要员唐生智的小同乡。早年毕业于广西陆军学堂第二期。武昌起义后任汉阳北伐军总司令部参谋，后改投湘军，历任营长、团长等职，先后参加讨袁、护法等战争。1926 年后历任国民革命军第 2 师师长、第 44 军副军长。1929 年，国民政府举行总理奉安大典，原属桂系的蒋锄欧的铁甲车队因在蒋桂大战中桂系败北，连车带人易主唐生智。蒋介石便派蒋锄欧代表国民政府北上迎榇，成为护灵铁甲车司令的蒋锄欧，带着铁甲车将孙中山灵柩从北平一直护送到南京，蒋介石遂正式组建铁甲车部队。1929年，唐生智起兵反蒋，早就和唐不合的蒋锄欧受蒋介石的“招安”，投奔蒋介石的中央军，出任首都铁甲车司令。不久，蒋锄欧又率部参加中原大战。大战结束后，蒋锄欧任全国铁甲车司令兼铁道炮队司令。抗战期间，蒋锄欧有不一般的表现，1938 年长沙大火，他指挥军队抢救驻地陈家堡邻近火区，保全民宅 10 余里及军需列车 20 余列，后又兼交通警备司令、交通部交通警察总局局长、铁路军司令等职。抗战胜利后，复任第一及第六两区铁路军运指挥官、衡阳运输司令等职。1949年去台湾。1978年2月17日，蒋锄欧因病逝于台北。

刘嘉树公馆旧址

刘嘉树公馆旧址位于南京市鼓楼区宁海路 17 号。

该建筑原为熊剑云于 1936 年所建，1946 年刘嘉树以其女刘恺君之名购置自住。该建筑占地面积 901 平方米，建筑面积 523 平方米，建有西式楼房 1 幢 2 层 14 间、平房 2 幢 5 间；主楼坐北朝南，青砖外墙，大坡顶、四坡顶、多边形顶交错，青瓦带老虎窗壁炉。

南京解放后，西南服务团、华东军区政治部及军区司令部、通讯学校曾住用，现为东部战区使用，保护状况一般。

刘嘉树（1903—1972），别号智山，湖南益阳人。他从小尚武，崇拜孙中山，信仰“三民主义”，先后考入黄埔军官学校第一期、中央陆军军官学校高等教育班第二期、陆军大学特别班第二期，1933 年后历任国民革命军第 29 师第 46 旅少将旅长、南京警备司令部参谋长、第 5 军副军长、第 88 军军长、第 34 集团军代副总司令、湖南省军管区司令官兼保安司令、长沙绥靖公署参谋长、第 17 兵团中将司令官等职。

1949 年 11 月 6 日，解放军发起广西战役，与白崇禧麾下的 30 万人马在广西决战。解放军捷报频传，白崇禧的部队及刘嘉树的第 17 兵团节节败退。11 月 22 日、25 日，12 月 4 日、11 日，解放军先后解放桂林、柳州、南宁、凭祥和镇南关（今友谊关）。12 月 14 日，广西战役胜利结束，解放军全歼白崇禧“华中军政长官公署”总部及其直属部队共计 17.3 万余人，中将司令官刘嘉树也于 1950 年 2 月 6 日在广西被俘。1956 年 1 月，作为 200 余名原国民党军高级将领之一，刘嘉树进入北京德胜门外的功德林——北京战犯管理处，后转至抚顺继续接受改造。1972 年 3 月，刘嘉树病逝于抚顺战犯管理所，终年 69 岁。

毛邦初公馆旧址

毛邦初公馆旧址位于南京市鼓楼区珞珈路1号。

该建筑建于1937年前，院落占地面804.86平方米，建有砖木结构的西式楼房1幢、平房2幢，建筑面积317.8平方米，原产权人张华坛，毛邦初一度居此。该处现有主楼1幢、平房2幢。主楼坐东北面西南，高二层，红砖外墙，坡顶青瓦，红瓦带老虎窗壁炉，西南侧西北侧平房、简易房各3间，水泥外墙，坡顶青瓦，木质门窗。该处现为省级机关使用，保护一般。

毛邦初(1904—1987)，字信诚，系蒋介石原配夫人毛福梅之侄。毕业于黄埔军校第三期，曾参加广东革命军的第一次东征，后赴苏联留学，先后入中山大学、茹科夫斯基航空学院学习。回国后任中央陆军军官学校航空班飞行组组长，参加筹建中央航空学院，被蒋介石任命为该校副校长、校长等职。

抗战爆发后，毛邦初先后任国民政府航空委员会副主任委员、航空署署长、空军总司令部副总司令等职。1949年，毛邦初随蒋介石去了台湾，后移居美国、墨西哥等地，1987年逝于洛杉矶。

朱家骅公馆旧址位于南京市鼓楼区赤壁路 17 号。

该建筑建于 1937 年前，院落占地面积 1984 平方米，建有砖木结构的西式楼房 1 幢和平房数幢，建筑面积 385.2 平方米，主楼建筑面积 244.8 平方米，原产权人为国民政府国大代表、上海市教育局局长李熙谋，朱家骅一度居此。现有主楼 1 幢，坐北朝南，假三层，米黄色拉毛外墙，四坡顶，红瓦带老虎窗、壁炉，东南侧建筑格局为多边形。该建筑现为省级机关使用，保护一般。

朱家骅（1893—1963），字骝先，浙江吴兴人（今湖州）人，幼时就读于私塾，后进南浔公学堂。辛亥革命时参加“上海革命敢死团”，曾到汉口参加救护工作。1914 年赴德国，在柏林矿科大学留学，1917 年毕业回国后在北京大学任教，稍后相继又到瑞士、柏林大学留学，1922 年获哲学博士学位。1924 年回国后被聘为北京大学地质系教授兼授德文，1926 年南下广州任中山大学地质教授兼系主任，1927 年蒋介石在上海发动“四一二”政变，朱家骅在广州配合李济深、钱大钧的“清共”活动，从此成为“CC”系核心人物之一，也是他以学者身份从政的开始。1928 年 3 月，朱氏被选为国民党中央执行委员会委员，1930 年后历任中山大学副校长、中央大学校长、交通部部长、中央研究院总干事、浙江省政府主席等职。1940 年，蔡元培病故，朱家骅代理中央研究院院长兼中央政治会议秘书长。抗战爆发后，身为浙江省政府主席的朱家骅以中央研究院总干事的身份电呈蒋介石，请其责成侍从室和南京卫戍司令唐生智及教育部副部长杭立武等，把在南京的 1 万多箱故宫文物如期运往重庆等地，使大量的国家文物免遭沦落于侵华日军之手，可谓有功于国。1938 年至 1944 年，朱家骅历任国民党中央执行委员会秘书长、中央调查统计局局长兼代理三青团书记长、国民党中央组织部部长、立法院院长、教育部部长等职。1949 年 6 月，朱家骅随蒋介石退到台湾。1963年，朱家骅因病逝于台湾，享年70岁。

朱家骅公馆
旧址

薛岳公馆旧址

薛岳公馆旧址位于南京市鼓楼区江苏路23号。

该建筑为薛岳以薛绍明名义，于1935年购地795.6平方米，建砖木结构的西式楼房1幢和平房数间。该处现有主楼1幢，坐北朝南，浅咖啡色压花外墙，鱼鳞状灰瓦，一楼东南侧为走廊，二层东南侧为内廊，中部为突出多边形，建筑面积约390平方米。

薛岳（1896—1998），又名仰岳，字伯陵，广东省韶关市乐昌人，陆军一级上将。早年考入广东陆军小学，13岁加入同盟会，辛亥革命后到武昌陆军预备学校第二期学习，毕业后转入保定军官学校第六期，后随邓铿南下任“中华革命军”援闽粤军总司令参谋，从此开始一生的行伍生涯。1923年，薛岳被提升为粤军第1师第16团团长，翌年晋升为该师少将副师长，并参加东征讨伐陈炯明战役。在陈炯明炮轰越秀楼、围攻孙中山的总统府之际，作为总统府警卫团1营营长，薛岳配合该团2营营长叶挺，经过10余小时拼死奋战，终于救出宋庆龄。1925年夏，薛岳任国民革命军第1军第1师副师长兼第3团团长。1926年北伐战争开始，薛岳于是年年底任第1师师长。在北伐战场上，薛岳骁勇善战，屡建战功。1927年“四一二”政变后，不同意白崇禧镇压上海工人纠察队的薛岳在被解职后南下广州，任李济深部新编第2师师长，旋任张发奎部教导师师长。“八一”南昌起义后，薛岳率部攻打贺龙、朱德、叶挺等率领的南下起义军，旋又率部参与镇压张太雷、叶挺等领导的广州起义。“中原大战”后，薛岳任柳州军校校长。1933年夏，薛岳被蒋介石任命为北路军第六路总指挥。红军长征期间，薛岳被蒋介石任命为前敌总指挥，沿湘桂公路对红军实施侧击和尾击，使担任掩护任务的红五军团遭受重大损失。红军在四渡赤水、抢渡金沙江后，摆脱了薛岳部的追击，最后到达陕北。薛岳后相继担任贵阳绥靖主任、贵州省政府主席。

1937年上海“八一三”抗战爆发后，薛岳被任命为中国军队左翼集团军兼第19集团军司令，率部给日军以沉重打击，1938年5月任第一战区前敌总司令，策应第五战区李宗仁所部在徐州的会战。是年6月，薛岳调任武汉卫戍区第1兵团司令，11月又被任命为第九战区副司令长官兼江北兵团司令，参与对日防御作战。1939年担任第九战区司令长官。是年，冈村宁次率10万日军进犯长沙，薛岳率部与日军展开激战，歼敌甚众，并指挥所部取得万家岭大捷，全歼日军1个师团。薛岳曾率部参加武汉会战和3次长沙会战，痛歼日军6万余人，获得抗击日军“第一战将”的美誉。1944年，薛岳指挥的常德会战，以出色的战绩获得美军航空司令陈纳德将军的高度赞许。1946年10月10日，美国总统杜鲁门授予薛岳一枚“自由勋章”；2005年纪念抗战胜利60周年之际，中央电视台播出《抗日英雄谱》，薛岳名列其中。

抗战胜利后，薛岳主持第九战区受降事宜。1946年6月26日全面内战爆发后，薛岳指挥国民党苏鲁地区军队与陈毅、粟裕部队作战，并任徐州绥靖公署主任。在鲁南战役中，薛岳损兵折将，所部2个师、1个快速纵队被陈、粟部队全歼，蒋介石以“指挥无力，声名低落”为由，撤销其“绥署”主任之职，改任总统府参军长。1949年1月，薛岳调任广东省政府主席兼广东省保安司令。是年年底，薛岳率部退守海南并改任海南岛防卫总司令，旋被击溃，于1950年4月22日败退台湾。

晚年的薛岳过着闲云野鹤、与世无争的半隐退生活，以读书、练字自娱，常常朗诵岳飞的《满江红》一词，并细心揣摩岳飞的书法艺术，1998年逝于台北，享年102岁。

熊式辉公馆旧址位于南京市鼓楼区中山北路 40 号。

该建筑建于抗战前，占地面积 4064.6 平方米，现剩 2 幢主楼，均坐北朝南，红色瓦面，黄色拉毛外墙，假 3 层，西洋别墅式风格，建筑面积 656 平方米。该建筑现为江苏省机关幼儿园用房；2006 年被列为南京市文物保护单位，目前保护状态较好。

熊式辉（1893—1974），字天翼，号西广，江西义安人。早年毕业于江西陆军小学，1911年考入南京陆军第四中学，在校读书期间加入同盟会。1913 年转入北京清河陆军第一预备学校，后考入保定陆校第二期。1916 年，熊氏随江西都督李烈钧参加反袁斗争；1919 年，任孙中山节制的赣军司令部副官长。1921 年，熊氏赴日本陆军大学留学；1924 年毕业回国，任朱培德部干部学校教育长。北伐出师后，熊式辉任国民革命军第 14 军第 1 师师长，后任国民革命军独立师师长。1928 年 9 月后，相继担任淞沪卫戍司令、陆军第 5 师师长、淞沪警备司令、陆海军总司令部参谋长等职。1930 年 5 月，任赣浙皖三省“剿匪”总指挥，后率部参与“围剿”中央苏区红军。1933 年，熊氏任江西省政府主席兼南昌行营办公厅主任、参谋长、民政厅厅长、江西保安司令等职。1942 年任中国驻美国军事代表团团长。抗战胜利后，熊式辉任东北行营主任，参与打内战，1949 年经香港赴泰国寓居，1954年7月到台湾，后返回香港。1974年1月21日，熊式辉因病逝于台中，终年81岁。

熊式辉公馆
旧址

蒋纬国公馆旧址

蒋玮国公馆旧址位于南京市鼓楼区普陀路15号、15-10号和上海路13-1号（原永庆巷13-1号）。

普陀路 15 号院落占地面积 715.6 平方米，建筑面积 566.7 平方米，2 幢主楼均为西式二层楼房，坐东面西，砖混结构，水泥外墙，青瓦屋面。该公馆是 1937 年以前建筑，系郭少兰出资为蒋纬国购买的住宅。2006 年 6 月，普陀路 15 号蒋纬国公馆旧址被列为南京市文物保护单位。

上海路 13-1 号建筑是蒋纬国 1948 年任战车团团长时购地 1154 平方米，以郭启澄之名兴建的花园式洋房，主楼为砖木混凝土结构的 1 幢二层西式楼房，坐北朝南，黄色外墙，坡顶青瓦，建筑面积 221.3 平方米，另有西式平房一进 12 间。该建筑现为江苏省水利厅职工宿舍。

蒋玮国(1916—1997)，浙江奉化人，系蒋介石与姚怡琴（后易名姚冶诚）所抚养。蒋介石在广州主持黄埔军校时，蒋纬国即随其父常居广州，后考入苏州东吴大学物理系，毕业后遵从父命研习军事，入中央军校第十期学习并任少尉侍从官。西安事变后，蒋纬国又遵从父命，随著名军事理论家蒋百里前往德国学习军事，期间在德国山地兵师第98团先后任二等兵、班长、排长、教导连连长，后又入德国陆军明兴军官学校深造。毕业后，任德国陆军山地兵少尉等职，一度随德军参加进攻捷克的苏台德战役。1939年11月，蒋纬国回国参加抗战，1940年投身于抗战，在胡宗南部先后任排、连、营长等职。抗战胜利后，蒋纬国被任命为装甲兵第1团团长，旋升任装甲兵司令部参谋长。1949年，蒋纬国在台湾出任“装甲兵副司令”等职。1975年，复被任命为“联勤总司令”，1988年7月改任“中央评议委员”等职。1997年病逝于台北，享年81岁。

黄仁霖公馆旧址

黄仁霖公馆旧址位于南京市鼓楼区宁海路 15 号。

宁海路 15 号建筑原为瑞士驻中华民国大使馆建筑旧址，建于 1936 年，院落占地面积 1035 平方米，建有砖木结构西式洋房 1 幢和平房数幢，原产权人为黄仁霖（一说为黄镇球）。新中国成立前，瑞士驻中华民国大使馆曾租用该处。该处现有主楼 1 幢，坐北朝南，高二层，下半部红砖，上半部黄色拉花外墙，四面大坡架屋顶，青瓦带老虎窗，南侧突出红砖门厅，上带红砖露天阳台，东侧一拱形大门，紫色门窗，建筑面积 320.3 平方米。

黄仁霖（1901—1983），原籍江西安义，生于上海，幼年随父黄百美迁居苏州，是蒋介石、宋美龄的重要亲信之一。黄仁霖是民国年间全国青年协会总干事余日章之婿，早年毕业于苏州东吴大学，曾赴美国求学并获田纳西州梵德毕尔大学学士学位，后复读于哥伦比亚大学并获政治经济学硕士学位。1926 年秋回国后，相继担任上海青年会干事、励志社总干事等职。1928 年任国民革命军总司令部行营外交特派员，1936 年兼任新生活运动促进会总干事。抗战期间，黄仁霖任军事委员会伤兵慰问组组长、战地服务团团长、译员训练班主任等职。1938 年 6 月改任三民主义青年团临时干事会干事，1941 年 11 月任中央干事会干事。1943 年 11 月，黄仁霖作为蒋介石的亲信随员前往埃及参加开罗会议。1947 年，赴美国考察海陆空三军后勤业务，回国后任联勤总司令部副总司令兼特种勤务署署长、国内外物资督导处理委员会副主任委员等职，1949年去台湾，1974年8月退休后旅居美国，1975年寄居巴拿马，1983 年 5 月 2 日因病逝于美国华盛顿，享年 82 岁。

钮永建公馆旧址位于南京市鼓楼区赤壁路 3 号。

该建筑为钮永建任国民政府江苏省主席时以其妻沈纤华之名所建。院落占地面积 989.9 平方米，建筑面积 372.6 平方米，有房 5 幢 22 间，主楼为西式三层楼房，砖木结构，坐西面东，木制门窗，青瓦屋面。2006年，赤壁路3号钮永建公馆旧址被列为南京市文物保护单位。

钮永建（1870—1965），字惕生，又字铁生，复字孝直，号天心，上海松江人。24 岁考中秀才，曾入读江阴南菁书院，再转入上海经正书院。1898 年考取官费入日本士官学校留学。1905 年加入同盟会，1910 年因受清廷迫害避难德国，并在德国陆军大学攻习军事。1911 年辛亥革命爆发后，钮永建回国与陈英士（其美）等领导上海光复之役。上海军政府成立时，钮任军政部部长。1912 年 1 月，任南京临时政府参谋部次长，后代理总长。1913 年，参加孙中山领导的“二次革命”并任苏沪讨袁联军总司令，后改任总参谋部总长。讨袁战役失败后，钮永建流亡日本，期间加入中华革命党。1917 年任孙中山广州大元帅府参谋次长兼兵工厂厂长。1924年国民党一大后，出任国民党中央政治会议秘书长。1926年以国民党中央特派员身份到上海开展活动，配合北伐军北伐。1927年4月，国民政府定都南京，钮永建任国民政府秘书长，旋改任江苏省主席，1930年任考试院副院长。1945年抗战胜利后，钮永建任上海、江苏等5省宣慰使。1949年赴台湾定居，1958年因病赴美治疗。1965年12月23日，钮永建因病逝于美国纽约，享年95岁。

钮永建公馆旧址

杭立武公馆旧址

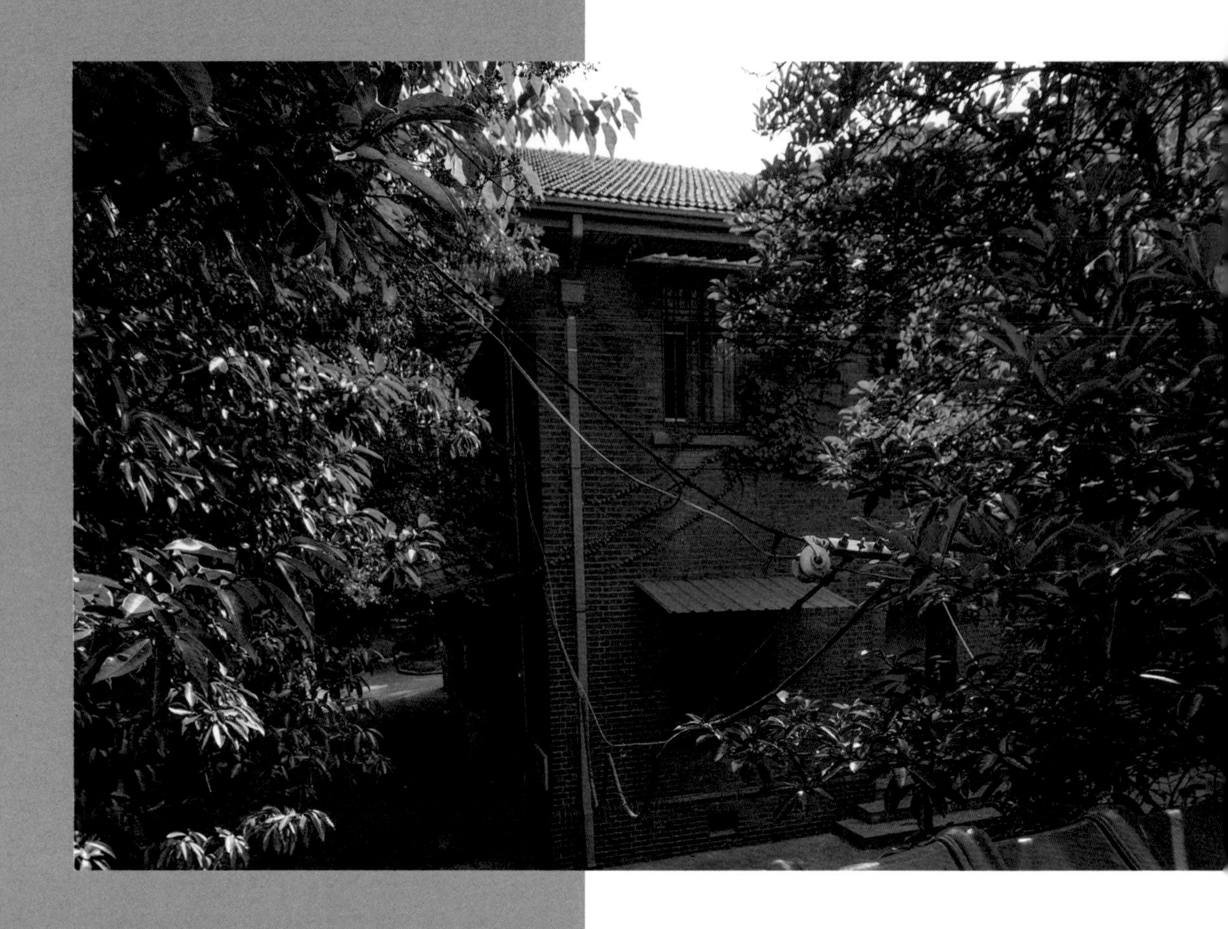

杭立武公馆旧址位于南京市鼓楼区琅琊路 13 号。

该建筑院落占地面积 1015.9 平方米，建筑面积 249.2 平方米，主楼为西式二层楼房，坐西朝东，砖混结构，钢门钢窗，青瓦屋面，另建有西式平房 2 幢，附属小楼 1 幢，共有 4 幢 20 间。该处现为江苏省省级机关干部住宅，保护较好。2006 年，琅琊路 13 号杭立武公馆旧址被列为南京市文物保护单位。

杭立武（1903—1991），安徽滁县人。1919年，16岁的杭立武毕业于南京金陵中学并升入金陵大学政治系，1923 年毕业。1925 年参加安徽省公费留学考试，考入伦敦大学政治学院，毕业获硕士学位，后入美国威斯康辛大学任名誉研究员，继而到伦敦大学攻读政治学并获博士学位。1929 年回国，担任国民政府考试院编纂兼考选委员会编译室副主任。1930 年，任国立中央大学政治系教授兼系主任、中央研究院社会研究所研究员，兼任中英庚款会总干事达 13 年之久。1937 年 10 月，日军即将进攻南京，身为金陵大学董事长和国民政府教育部次长的杭立武，立即邀集西方在南京服务的各教会友人和侨领，组成“南京安全区国际委员会”并被推为总干事（后由金陵大学历史系教授贝德士担任），美国人费奇任副总干事，具体负责保护困在危城未及撤退的居民，先后保护救助南京难民达 25 万人以上。期间，杭立武等人还努力抢运故宫博物院文物 1 万多箱至川滇等地的大后方，使之免遭落入日军之手。1944 年任教育部常务次长兼中央设计局教育组召集人，1949 年 3 月，任教育部部长兼任国立中央博物馆联合管理处主委。1949年赴台湾。1991年2月26日，杭立武因病逝于台北，享年 88 岁。

李品仙公馆旧址位于南京市鼓楼区南东瓜市 20 号。

该建筑坐北朝南，西式风格，楼高三层，二楼、三楼均建有阳台。宅前原有花园，后有水池，占地面积达 1840.2 平方米，建筑面积 500 平方米，始建于 20 世纪 30 年代，现为东部战区使用，保护状况较好。2006 年，南东瓜市 20 号李品仙公馆旧址被列为南京市文物保护单位。

李品仙（1890—1987），字鹤龄，广西苍梧人。早年考入陆军保定军官学校第一期，毕业后在湘军唐生智部任职。1926 年国民革命军北伐时，李品仙任唐生智第 8 军第 3 师师长，率部参加长沙、岳阳等战役。北伐军攻克武汉三镇后，李品仙接任新编第 8 军军长。1928 年，唐生智被桂系击败，李品仙部也被桂系收编。1929 年春，在桂系李宗仁统率的第四集团军中，李品仙被授予第 12 路军总指挥并参加“二次北伐”，在率部击败张宗昌后驻守于山海关至北平一线。1932 年，李品仙任南宁军校校长，旋改任龙州边防督办。1937 年抗战爆发后，李品仙被蒋介石任命为第 11 集团军司令官，隶属李宗仁的第五战区对日军作战，先后参加了台儿庄、徐州、武汉等会战。1939 年底，李品仙兼任安徽省主席。1944 年底，李品仙升任第十战区司令长官。1948 年，李品仙辞去安徽省主席而改任广西绥靖区公署主任。1949 年底，李品仙退回台湾。1987年4月，李品仙病逝于台北，终年97岁。

李品仙公馆旧址

邹鲁公馆旧址位于南京市鼓楼区颐和路 18 号。

该建筑建于 1937 年，占地面积 776.7 平方米，建筑面积 295.1 平方米，主楼为西式建筑风格二层加阁楼，坐北朝南，砖混结构，钢门钢窗，四坡顶，西南部为半圆形排窗，另有西式平房 2 幢。2006 年，颐和路 18 号邹鲁公馆旧址被列为南京市文物保护单位，现为东部战区使用，房屋保护较好。

邹鲁（1885—1954），幼名澄生，字海滨，笔名亚苏，广东大埔人，出生于一个贫苦农民之家。邹氏幼时聪颖，8岁入塾，11 岁能文，且文有奇气。19 岁赴潮州入韩山书院读书。1905 年在家乡加入同盟会，翌年负笈广州并考入广东法政学堂，期间结识朱执信、陈炯明等人，秘密参加反清活动。

1911 年，邹鲁受孙中山之命在广州创办《民报》，宣传革命思想。武昌起义爆发后，邹鲁与朱执信等人在广东响应起义，并留香港筹备兵器、军饷等军需物资，支援各路义军。

广东稳定后，孙中山组织北伐军，邹鲁随军北伐并担任兵站总监，负责调拨武器装备及军需物资。1914 年，邹鲁遵孙中山指示任《民国》杂志编辑，撰文揭露袁世凯出卖国家利益等罪行。不久，邹鲁奉孙中山之命北上策划国会南迁成功，200 余名议员南下广州，出席非常会议，组建护法军政府。1922 年，孙中山避难上海，召邹鲁为总统特派员，负责策划讨伐陈炯明事宜。经各方联络，召开滇、粤、桂三方“白马”会议，举兵讨陈，攻克广州。1923 年初，孙中山又委任胡汉民、邹鲁等 5 人全权代行大总统职权。孙中山重返广州后，重建大总统府，邹鲁任财政厅厅长，兼任高师校长和广东大学筹委主任。1924 年 1 月，中国国民党第一次代表大会召开，邹鲁当选为中央执委委员、青年部长，后任常委。

1925 年 3 月，孙中山逝世，邹鲁以中国国民党中央 3 个常委之一的身份，主持召开“西山会议”，通过“取消共产（党）派在本党党籍案”等决议，另行设立中央党部与广州中央党部对立。1927 年 7 月“国民党特别委员会”组成后，为避“党阀”之嫌，邹鲁出游欧美各国，撰写《中国国民党史稿》。

1931 年“九一八”事变后，全国各界掀起抗日浪潮，西南各省军政要员提出抗日反蒋。邹鲁回广州宣传抗日反蒋并力劝西南军政界要员“团结御侮，共赴国难”，1935 年当选为国民党中央常委和国府委员，此前已接任中山大学校长。

由于国土不断沦陷于日军之手，西南军界公开与蒋介石抗衡。邹鲁多次拒绝、斥责土肥原和松井的拉拢收买，力主抗日，并力劝西南当局：“国难当前，应捐成见，增强御侮力量。”又对许崇智等人说：“要消灭内战，以全力抗日。”

抗战期间，邹鲁以国民党元老的身份参加当局最高国防会议，1943 年、1945 年先后被选为国府委员、国民党中央执行委员会常务委员。1949年10月，邹鲁飞往台湾。1954年2月13日，邹鲁因脑溢血病逝于台北，终年69岁。

邹鲁公馆旧址

马鸿逵公馆旧址

马鸿逵公馆旧址位于南京市鼓楼区宁海路 2 号。

该建筑是马鸿逵于 1949 年初以其长子马敦厚（陆军第 168 师师长）之名从他人手中购得。该处占地面积 1708 平方米，建筑面积 770 平方米，建有西式楼房 6 幢、平房 6 幢 32 间，主楼由南北 2 幢二层楼房组成，砖木结构，钢门钢窗，北楼楼上为卧室，楼下为起居室，南楼分别是会客室、餐厅、书房、梳洗室等。该处现为东部战区使用，保护较好。2006 年，宁海路 2 号马鸿逵公馆旧址被列为南京市文物保护单位。

马鸿逵（1892—1970），字少云，回族，甘肃省河州（今甘肃临夏回族自治州）人。民国年间，马鸿逵与青海的马步芳并称为“青宁二马”。马鸿逵早年曾担任袁世凯的侍从武官，1913年到宁夏镇总兵马福祥(马鸿逵之父)部任营长，后被提升为北洋陆军第5混成旅旅长。1925年，马鸿逵部被改编为冯玉祥的国民军第7师并任师长。1926年，冯玉祥在五原誓师响应北伐，马鸿逵被任命为冯部第十五路军总指挥。1930年，蒋、冯、阎“中原大战”爆发，马氏权衡再三，最后弃冯投蒋，并于1932年被蒋介石任命为宁夏省政府主席，后相继改任第八战区副司令长官、西北行政长官公署副司令长官等职。

1949 年底，马鸿逵经广州抵台湾，后以“治病”为由赴美暂居，1970 年 1 月 14 日病逝于美国洛杉矶，终年 78 岁。

邵力子旧居

邵力子旧居位于南京市鼓楼区剑阁路 27 号。

该建筑建于 1935 年，院落占地面积 1000 平方米，建筑面积 700 平方米，为西式三层楼房，坐北朝南，砖混结构，青砖外墙，钢门钢窗，整栋房屋建在半坡上，院内清雅。该处现为邵力子内侄一家居住。

邵力子（1882—1967），原名闻泰，初名景奎、凤寿，字仲辉，浙江省绍兴陶堰乡邵家楼人。邵力子幼时，因父病逝而居于吴江外祖父家，1902 年考入南洋公学特别班，1903 年中举，后相继入上海震旦大学、复旦大学、南洋公学等校就读，接受新式教育。1907 年，邵力子到日本留学，专攻新闻专业，期间与于右任等创办报纸《神州日报》，翌年加入同盟会。不久，于右任等创办上海大学，邵力子参与其事并任副校长。1915 年，邵力子又与叶楚伧等创办《民国日报》，担任该报主笔兼任副刊《觉悟》编辑，同时还在复旦公学等校兼教。“五四”运动后，邵力子与陈独秀等研究马克思主义，并在上海加入共产主义小组。1923 年，邵力子与叶楚伧、柳亚子等创立“新南社”，积极倡导新文学运动。1924 年，时任国民党中央执行委员的邵力子奉孙中山之命，赴广州担任黄埔军校秘书长，为黄埔军校的创建作出了贡献。不久，邵力子又奉命赴苏联中山大学留学，1927年回国后留在蒋介石身边，参与北伐军司令部机要事宜，任国民革命军总司令部秘书长。1931年2月，邵力子代杨虎城任陕西省主席，1937 年辞去省主席，转任国民党中央宣传部部长。抗战爆发后，邵力子担任多种要职，积极从事抗日活动。1940 年 4 月，任驻苏联大使。抗战胜利后，邵力子在国共两党谈判中发挥了重要作用。1946 年，邵力子、傅学文夫妇在南京汉口西路 120 号（今剑阁路 27 号）创办一所私立小学，翌年春落成并正式开学。该校取邵力子与傅学文名字的中间各一字定名为“力学小学”，由傅学文任校长。1950年，邵力子、傅学文将学校捐献给南京市文教局，后更名为“南京市力学小学”。该校曾培养和输送了许多人才，其中有著名二胡演奏家闵慧芬、世界羽毛球冠军杨阳等。

1949 年初，邵力子与张治中等作为国民党与共产党谈判的代表，草议《国内和平协定》，但遭蒋介石的拒绝。此间，邵力子与张治中等在中共中央暨毛泽东、周恩来等的挽留下同留北平。新中国成立后，邵力子先后担任政务院政务委员、华侨事务委员会委员、全国人大常务委员会委员、中国国民党革命委员会中央常务委员、中苏友协副会长等职，为新中国的建设事业作出了重要贡献。1967 年 12 月 25 日，邵力子在北京无疾而终，享年 85 岁。

竺可桢旧居

竺可桢旧居位于南京市鼓楼区珞珈路 48 号。

该建筑建于 1935 年，院落占地面积 1083 平方米，建有砖木结构西式楼房 1 幢、平房 3 幢，建筑面积 456 平方米，主楼建筑面积 233.8 平方米。解放前，该处由竺可桢一家自住。1965 年 9 月，竺可桢将该处房产捐赠给国家，房产权为省级机关事务管理局。

该处现有主楼 1 幢、平房 1 幢，主楼坐北朝南，青砖外墙，高二层加小阁楼，尖顶，青瓦，东南侧为多边形，上带露天阳台，木质门窗，圆形门廊，带壁炉，主楼北面一幢平房以连廊连接主楼。

竺可桢（1890—1974），字藕舫，祖籍浙江绍兴，生于上虞，著名气象学家、地理学家、教育家，先后担任东南大学地学系主任、浙江大学校长、中央研究院院士。1955 年，竺可桢当选为新中国第一批科学院院士，同时又被选为中华人民共和国第一、二、三届全国人民代表大会常务委员会委员，历任中国科学院副院长、中华全国科学技术协会副主席、中科院生物学和地学学部主任、中国科学院综合考察委员会主任、中国气象学会名誉理事长、中国地理学会理事长等职，为新中国科学与文化事业做出了卓越贡献。

竺可桢是我国气象学、气候学、地理学诸学科的奠基人之一，又是我国物候学的创始者。在物候学研究方面，竺可桢致力于我国古代节气知识的考证和研究，坚持几十年如一日地物候观测，积极倡导组织物候观测网，奠定了我国物候观测研究的基础，并撰写了许多物候学论文和专著，为我国的物候学研究明确了方向。晚年，竺可桢仍念念不忘把物候学应用于我国的农业生产实践，并为此做出了重要贡献。竺可桢于1974年因病逝世，享年84岁。

吴贻芳旧居位于南京市鼓楼区傅厚岗 15 号。

该建筑是一处独立院落的民国建筑，坐北朝南，现院落开门朝北，西洋别墅风格，砖混结构，有西式楼房两层1幢8间，另有平房1幢5间，院落占地面积728平方米，建筑面积118平方米，米黄色外墙。建筑原为艾伟在1935年兴建，新中国成立后吴贻芳曾居住于此。目前，建筑仍保存完好。

吴贻芳（1893—1985），别号冬生，祖籍江苏泰兴，生于湖北武昌，长于母亲家乡浙江杭州。她先后就读于杭州女子学校、上海启明女子学校、苏州景海女子学校、北京女子师范学校和金陵女子大学。1922 年赴美国密执安大学留学并获生物学博士学位。回国后，曾任中华基督教协进会执委会主席、中华全国大学妇女会理事长。1928 年至 1951 年，吴贻芳担任金陵女子大学第一任中国校长，主持校政 23 年。

担任金陵女大校长的吴贻芳，在为该校制定校训时说：“人生的目的，不是为了自己活着，而是要用自己的智慧和能力来帮助他人和社会，这样不但有利于别人，自己的生命也因之而更为丰满。”这被称为“金女大精神”。

1943 年，吴贻芳作为中国文教界的 6 名代表之一赴美国宣传抗日，以争取美国对中国抗战的援助。1945 年 4 月，吴贻芳作为无党派代表又前往美国旧金山参加联合国创立会议，成为在《联合国宪章》上签字的第一位中国女代表，并向各国代表介绍中国军民的抗战事迹，谴责日本侵略者给中国人民带来的深重灾难，她的发言赢得了各国代表的热烈掌声。1949 年 10 月 1 日，吴贻芳以新中国第一届全国政协委员的身份，应邀到北京天安门城楼上参加开国大典。1952 年秋，吴贻芳担任新组建的南京师范学院常务副院长、名誉院长，后又任江苏省教育厅厅长、江苏省副省长、省民进主任委员、省政协副主席、民进中央副主席、全国妇联副主席和全国第五、第六届政协常委等职。虽然社会活动日渐频繁，但她始终不忘自己所钟爱并为之而献身的教育事业，20 世纪 70 年代末，高等教育事业恢复了生机。她认为，从江苏的教育现状和今后教育事业对师资的需求出发，江苏的师范教育必须形成一个完整的体系，应包括师范大学、师范学院、师范专科学校、中等师范学校、幼儿师范学校等不同层次。鉴于当时江苏省还没有一所师范大学，吴贻芳就写信向省长建议，将南京师范学院改为师范大学。1984 年 1 月，江苏省政府批复了吴贻芳的建议，并聘请她担任南京师范大学名誉校长。

吴贻芳对国家和人民作出了重要贡献，也赢得了国内外人士的敬重。1979 年 4 月 27 日，86 岁的吴贻芳回到自己的母校——美国密执安大学领取“智慧女神奖”。此奖项是该校专门授予对人类进步与和平事业作出杰出贡献的女校友的。作为一位中国的杰出的女教育家和进步女政治家，吴贻芳站在母校的领奖台上，无尚光荣与自豪。

邓颖超曾称赞吴贻芳“桃李满天下”，她终生未嫁，但她爱学生如子女，从事高等教育数十年，为国家培养了大量人才，赢得了人们的崇敬和爱戴。

1985 年 11 月 10 日，吴贻芳因病在南京鼓楼医院逝世，享年 92 岁。

吴贻芳
旧居

赛珍珠
Pearl S. Buck
(1892–1973)

赛珍珠旧居位于南京市鼓楼区汉口路 22 号（南京大学北园）。

该建筑始建于 1912 年，占地面积约 120 平方米，建筑面积 356 平方米。该楼坐西面东，砖木结构，地面二层，地下一层，坡顶青瓦，楼顶建有老虎窗，大门口建有檐篷，以 4 根古典风格的圆形立柱支撑，是一幢具有典型西洋风格的别墅，现辟为南京大学赛珍珠纪念馆。2006 年，汉口路 22 号赛珍珠旧居被列为南京市文物保护单位。

赛珍珠(1892—1973)，原名珀尔 · 巴克，美国现代才华横溢的女作家，出生于美国弗吉尼亚州，父亲为在华长老会传教士。赛珍珠出生后4个月即被父母带到中国江苏北部的清江浦(今淮安)。1894年，2岁的赛珍珠随父母移居江苏镇江，稍长就读于镇江崇实中学，后到上海就读。她的英文名字含有“珍珠”之意。据说，她受中国名妓赛金花的影响而取名“赛珍珠”。赛珍珠17岁那年回美国弗吉尼亚州的伦道夫 · 梅肯女子学院攻读心理学，毕业后重返中国。1917年春，赛珍珠在镇江崇实中学任教时，与美国青年农艺师贝克相爱并结婚。婚后， 两人一同前往宿县，在那里工作了近3年。1919年底，贝克、赛珍珠夫妇移居南京，贝克执教于金大农学院，赛珍珠到金大外语系执教。教书之余，赛珍珠开始文学创作。当时正逢中国的新文化运动兴起，赛珍珠读了不少陈独秀、胡适等人发表于《新青年》中的文章，认为这是“现代中国的一股新生力量”，并将会释放出“被压抑了许多世纪的能量”。赛珍珠从小在中国长大，熟谙汉语，深受中国传统文化的影响，对中国古典文学知之甚多，和新文化运动中的人物接触频繁，这对她的文学创作帮助很大。

1927 年春，北伐军攻克南京，赛珍珠因沦落为“洋难民”一度离开南京。翌年夏天重回南京时发现，劫匪虽抢走了她的大半家产，但小壁橱的箱子里完好无损地放着她在母亲去世后撰写的《凯丽蒂传》，这部手稿后来出版了，书名为《异邦客》。重返南京后的赛珍珠继续进行文学创作。不久，纽约的庄台公司总裁理查德 · 沃尔什慧眼识珠，很快决定出版她的长篇大作《天国之风》，并将书名定为《东风 · 西风》。1931 年春，装帧精美的《大地》又在纽约庄台公司出版，销量飙升，好评如潮，连续两年成为美国的畅销书。此后，她又创作出《儿子们》《分家》《母亲》《战斗的天使》等作品。

赛珍珠曾用 5 年时间，将中国的《水浒传》译成英文出版，成为第一个全文的外文译本。在赛珍珠的笔下，《水浒传》被译为《四海之内皆兄弟》，与其他译作相比，赛珍珠翻译得最准确、最精彩、最具影响力。

赛珍珠在中国时，正值日军开始侵略中国东三省、热河及全面侵略华北之时，“为中国抗战而奔走呼号”几乎成了赛珍珠生活中又一大主题。她到处发表演讲，鼓励中国人奋起抗争，曾帮助过像老舍、胡适、林语堂等中国一流的文人学者，并资助过处于灾难深重的最下层的中国难民。她还无情地抨击过中国当时的头号掌权人物蒋介石，并大胆地预言他“无视农民将失去了他的机会”。而对于中国军民的抗战，她则远远地超出一般西方人而更有信心。为此，她曾说：“我曾大胆地发表我的自信：我说，中国人民是不会投降的，日本人也不可能征服他们！”1934 年，赛珍珠与丈夫贝克离异，不久即回美国定居。

赛珍珠是美国第一位诺贝尔文学奖的女性获得者，也是第一位用英文来写中国农村题材的外国作家，其作品被誉为“传记文学的杰作”，她的作品《大地》于 1938 年荣获诺贝尔文学奖，瑞典文学院给她的这部作品作如下评语：“由于她对中国农村生活所作的丰富多彩的而真挚坦率的史诗般的描绘”，“为西方世界打开了一条通道，从而使西方人用更深刻的人性和洞察力，去了解一个陌生而遥远的世界。”

1973 年，曾在南京生活近 15 年的赛珍珠带着对中国的眷恋与世长辞，享年 81 岁。根据她生前的遗嘱，在她的墓碑上镌刻着“赛珍珠”3 个篆体大字，将她的“中国情结”深深凝聚在一块洁白的石碑上。历史将永远铭记她对中国人民的那颗美好、真挚、善良而慈祥的心灵！赛珍珠对中美两国人民的文化交流与发展所作出的贡献，是其他任何作家也无法替代的。

拉贝故居位于南京市鼓楼区小粉桥 1 号（南京大学南园）。

1934 年夏，德国西门子公司南京分公司经理约翰·拉贝（John Rabe,1882 — 1950）同金陵大学农学院院长谢家声签订协议，由学校建一座集办公和居住于一体的房屋出租给拉贝。这就是小粉桥 1 号建筑。整个建筑占地面积约 1905 平方米，有高二层的西式楼房（主楼）1 幢，建筑面积 410 平方米，另有西式平房 6 间 240 平方米。院内西北侧还有一地下防空洞，院内芳草如茵，绿树成行。拉贝故居现已修葺一新。2006 年，小粉桥 1 号拉贝故居被列为江苏省文物保护单位。

约翰·拉贝出生于德国汉堡，是一位船长之子。拉贝早年丧父，初中毕业就离开了学校，当过学徒、出口商行的伙计，甚至到非洲莫桑比克的一家英国公司工作。1908年，拉贝来到中国，先后在北京、天津等地经商。自1931年起，拉贝担任西门子公司驻中国首都——南京办事处经理。1934年，拉贝出任南京的一所德国学校理事会理事长，且是德国纳粹党在南京地区的负责人，后来退出该党。

1937 年 12 月 13 日南京沦陷，日本侵略军实施惨绝人寰的大屠杀，拉开了血腥的序幕。但拉贝却选择留在中国，他的理由极其简单而又感人：“我在中国已经生活 30 多年了，我的儿子和孙子都是在这里出生的。我在这里生活愉快，事业有成。中国人民待我很友好，即使在战争时期也是如此。”还有，拉贝觉得自己有责任保护中国雇员的安全。显然，拉贝的胸膛里永远跳动着一颗“中国心”。

早在日军攻陷南京前的 1937 年 11 月 22 日下午，约翰·拉贝被选为南京安全区国际委员会主席，他表示“但愿我能够胜任这个也许会变得十分重要的职务”。难民区的地域在南京城区西北部，以美国大使馆和金陵大学等教会学校为中心，占地约 3.85 平方公里，建立起 25 个难民收容所。中国方面积极支持、配合南京安全区国际委员会的建议和要求。在拉贝的主持领导下，南京安全区国际委员会自 12 月 1 日起，在宁海路 5 号（军事委员会秘书长张群的私宅）设立事务局，开始接纳难民；12 月 8 日，难民区内首次悬挂起具有特殊标志的旗帜——白色旗子上圈以红圆圈的红十字。鉴于日军拒绝承认安全区，拉贝向更高当局求助未果。此时，大量难民如潮水般地涌进安全区，在很短时间内，整个安全区密密麻麻挤满了 25 万难民（最多时达 29 万人）。拉贝和他的同事们为解决安全区的卫生及食品问题而日夜操心。日军已兵临南京城下，总攻即将开始。1937 年 12 月 12 日晚，拉贝打开自己住宅小粉桥 1 号的两扇大门，把想要进来的难民全放进来。这里成了“西门子难民收容所”。此后，约翰·拉贝先后收留、保护了600 多名中国难民，真正成了南京人心目中的“保护神”。

当 12 月 13 日攻进南京城内的日军进行疯狂的大屠杀之时，拉贝试图给日军指挥官和日本外交官写信，一是怒斥日军暴行，二是希望日军根据国际法准则，“宽待”已放下武器的中国士兵，而日军竟然背信弃义，残忍杀死手无寸铁的中国士兵，还抓走了成千上万无辜的中国百姓。作为侵华日军南京大屠杀的见证人，拉贝详细记录了自 1937 年 9 月至 1938 年 4 月发生的大大小小 500 余起侵华日军屠杀中国难民的惨案，均收进后来出版问世的《拉贝日记》中。面对 5 万日军铁蹄，富有正义感和人道主义精神的拉贝决心和其他 20 余位外国人一起，保护几十万中国人的安全。在关键时刻，在侵华日军面前，拉贝决不示弱，他以“盛气凌人、压倒一切的气概”击败日军。拉贝总是不断地鼓舞整日提心吊胆的难民要有坚持活下去的信心。住在他后院里的难民中有谁生了孩子，拉贝就为新生儿举办生日庆祝会，给每个新生儿送一份礼物。

1938 年新年这天，西门子难民收容所的难民们，在院子里排着整齐的队伍，向富有博大爱心的约翰·拉贝先生三鞠躬，并献给他一块大红绸布，上面写着：“您是几十万南京人的活菩萨！”被誉为几十万南京人的“活菩萨”——南京的“辛德勒”，拉贝先生当之无愧!

1938 年 2 月 23 日，拉贝应召回德国。返回德国后的拉贝，信守了对中国人民的承诺，向德国当局通报、向同胞演讲，放映美国圣公会牧师约翰·马吉拍摄的影片，揭露日本侵略者在南京的兽行。1950 年，拉贝死于中风，享年 68 岁。

拉贝去世47年后，由于美籍华裔女作家张纯如（1968—2004）的协助，拉贝孙女厄休拉·莱因哈特终于将拉贝的英雄事迹连同他的日记一起公诸于世。52万字的《拉贝日记》(1937—1938)世界首

版(中文版)于1997年8月在南京出版，震撼并感动了各国人民，并引起了史学界的高度重视。位于南京小粉桥1号的拉贝故居也于2006年修葺一新，成为“拉贝与国际安全区纪念馆”，并于同年10月31日正式对外开放。

马歇尔公馆旧址位于南京市鼓楼区宁海路 5 号。

宁海路 5 号原名“金城银行别墅”，1936 年前兴建，1937 年 1 月 25 日卖给美国代表人，中央信托局南京分局曾在此办公。抗战前夕，该建筑曾为国民政府外交部部长张群暂住。1937 年 12 月，日军占领南京后，这里曾是南京安全区国际委员会总部，安全区国际委员会主席拉贝以及全体成员为保护难民于灭绝人性的日军进行了艰苦卓绝的斗争。抗战胜利后，这里成为美国杜鲁门总统特使马歇尔的公馆。

这是一座坐北朝南仿古二层楼房，砖混结构，飞檐歇山顶，上铺琉璃瓦，内部装饰华丽，另建有中式平房 3 幢 11 间，楼前有宽敞的庭院，院内小径用红、黑、白三色鹅卵石铺成鹰、狮子、白虎和鸟等图案，整个宅院占地面积 2780 平方米，建筑面积 748 平方米。四周花草树木茂密，环境幽雅。该处现为东部战区使用，保护状况良好。2002 年，宁海路 5 号马歇尔公馆旧址被列为江苏省文物保护单位。

马歇尔公馆旧址

马歇尔（1880—1959），全名乔治·卡特利特·马歇尔，美国人，1924年来华，任美军驻天津第15步兵团执行官、代司令官。1927年回国，后曾任美国陆军大学教官、陆军部作战司司长、副参谋总长等职。二战期间，他被任命为美国陆军参谋总长，享有“胜利组织者”的美誉，1944 年成为美国历史上 5 位五星上将之一，被美国军界称为“最优秀的军人”，也是一位誉满全球的传奇名将。二战结束后，美国希望马歇尔能调停中国国共两党的纠纷。1945 年 11 月，马歇尔以杜鲁门总统特使身份来华，代替赫尔利“调处”国共两党的关系，以失败告终，于 1947 年 1 月奉召回国。回国前夕，他为他的副官与金陵女子大学的一名女生主持了婚礼。在婚宴上，他苦涩且自嘲地说：“这是我在中国完成的唯一任务。”中共代表周恩来和马歇尔的谈判持续将近 1 年之久，他们虽然是谈判桌上的对手，但马歇尔对周恩来的人格十分钦佩，曾感慨地称周恩来是他遇到的最能干的谈判对手。为了表示对周恩来的敬意，他特地订做了一只装有金属拉链的深黄色手提式牛皮公文包，送给周恩来，皮包上印着烫金英文：TO GENERAL CHOU EN LAI FROM GENERAL GEORGE C.MAR-SHALL（马歇尔将军赠周恩来将军）。

回国后，马歇尔旋任美国国务卿，1950 年至 1951 年出任美国国防部部长。1953 年获得“诺贝尔和平奖”，1959 年，马歇尔在美国去世，享年 79 岁。

司徒雷登寓所旧址

司徒雷登寓所旧址位于南京市鼓楼区青岛路33-2号。

青岛路33-2号，在青岛路 33 号大院东北侧，该院落面积约 5800 平方米，建筑面积 800 平方米，坐东北面西南，东段二层，中部及西侧为三层，带壁炉，钢门钢窗。院内东南侧有鱼塘 1 个，约 100 平方米，防空洞 1 座，假山 3 座，另有平房 1 幢，院内有古树多株，环境优美，现为东部战区使用。

司徒雷登（1876—1962），美国人，出生于中国杭州，其父母均为早期到中国的长老会传教士。司徒雷登为神学教育家、学者和著名外交家。1904 年在美国大学毕业后来华，任金陵神学院希腊文教授，辛亥革命时期一度任美联社驻南京特派通讯员。1911 年与人创办中国东方医科大学（1913 年 5 月并入金陵大学）。1919 年被聘为燕京大学校长。由于马歇尔将军的推荐，1946 年 7 月司徒雷登重返南京，赴任美国驻华大使。国共谈判期间，在谈判桌上和原则问题上，中共首席代表周恩来和马歇尔、司徒雷登针锋相对，毫不让步，但在谈判桌下，周恩来仍把他们当朋友，公私分明。1946 年 11 月 19 日，周恩来率中共代表团部分成员离开南京返回延安之前，他请代表团负责外事工作的王炳南将一只仿明代成化年间五彩敞口花瓶，上绘八仙过海图案，色彩绚丽，人物形象生动，具有一定的文物和观赏价值，赠给司徒雷登留念。对这件珍贵的礼物，司徒雷登十分珍惜，带着这只花瓶于 1949 年 8 月 2 日离开南京回国。此后一直悉心珍藏，以为纪念。他在中国生活了 50 多年，有着深厚的“中国情结”。他晚年在病重时，嘱咐当年的秘书傅泾波先生：余过世后，此物（周恩来赠送的花瓶）当归还原主。1962 年 9 月 14 日，司徒雷登因心脏病医治无效，在美国华盛顿逝世，享年 86 岁。尽管司徒雷登是一位颇具争议的历史人物，但他对新中国所产生的影响则远远超过了同时代在华的其他外国人。司徒雷登逝世 26 年后的 1988 年 5 月 26 日上午，傅泾波先生的女儿傅海澜女士专程从美国护送这只具有历史意义的花瓶来到中国，交给南京梅园新村纪念馆珍藏，完成了司徒雷登生前的美好夙愿。

晋升为陆军大将，在中国推行极其残酷野蛮的“三光政策”，制造了惨绝人寰的河北省丰润县“潘家峪大屠杀”(全村有1230人遇害，幸存者无几)、阜平县“平阳村惨案”(持续屠杀87天，1000多人横遭屠杀，5000余间房屋化为废墟)；1941年8月，冈村宁次调动10万日伪军，对晋察冀边区进行空前规模的大“扫荡”，共烧毁民房15万间，抢掠粮食5800多万斤,掠夺牲畜1万余头，残酷杀害中国抗日军民4500余人，等等。1945年8月15日，日本宣布投降;9月9日上午9时，国民政府在国防部举行的日军投降签字仪式上，身为日本驻中国派遣军总司令官，冈村宁次代表日本政府在投降书上签字画押。1948年8月23日与1949年1月26日，中国审判战犯军事法庭庭长石美瑜坚持并主持，对战犯冈村宁次进行了两次公审。但在国民党政府的庇护下，冈村宁次最终被宣布“无罪释放”。1966年9月2日，冈村宁次死于东京，结束了他罪恶的一生。

冈村宁次寓所旧址

冈村宁次寓所旧址分别位于南京市鼓楼区青岛路 33-1 号和金银街 2 号、4 号。

青岛路 33-1 号位于青岛路 33 号大院内西北侧坡上，坐西朝东，假三层（阁楼），坡顶，西式花园风格，院落面积 2600 平方米。建有民国时期旗杆底座、假山、喷水池各 1 个，名木古树多株，花木丛生，另有西式平房 1 幢 8 间。总建筑面积约 450 平方米。现为东部战区使用，保护状况较好。2006 年 6 月，青岛路 33-1 号冈村宁次寓所旧址被列为南京市文物保护单位。

金银街 2 号建筑始建于 1937 年前，坐北朝南，西式风格，高为两层，原系周惕勤所有。金银街 4 号建筑始建于 1936 年，原系丁得心所有。1946 年 12 月 6 日，冈村宁次搬入原日本大使馆租借的金银街 4 号。该建筑坐北朝南，西式风格，假三层。现在，2 号与 4 号建筑均为南京大学所有。2 号为南京大学中国思想家研究中心使用，4 号则为一家文化传播公司租用。2006 年 6 月，金银街 2 号、4 号的冈村宁次寓所旧址均被列为南京市文物保护单位。目前，该建筑保存状况较好。

冈村宁次（1884—1966），日本陆军大将，是侵略中国历史最久、罪大恶极的侵华战争主要战犯之一，先后就读于陆军士官学校和陆军大学，曾参加日俄战争和第一次世界大战。他一生的军人生涯几乎都与侵略中国有关，从九一八到一·二八，再到七七事变,以及后来的中国八年抗战改为乃至抗日战争十四年时间，冈村宁次先后担任日本军参谋本部第二部部长、上海派遣军副参谋长、第十一军团司令官、华北方面军司令官、第六方面军司令官、日本驻中国派遣军总司令官，先后参加过侵略中国的一系列战争，对中国人民犯下了累累罪行。1915年，参加侵占中国青岛的战争;1928年，是“济南惨案”的刽子手之一;1932年，参加进攻上海的战争;1933年，代表日本政府与国民政府签订了侵略中国冀东和长城以北的《塘沽协定》；1935年，作为日本军参谋部第二部部长，协助华北方面军司令官梅津美治郎与何应钦签订了侵略中国华北的《何梅协定》；1941年4月

林蔚旧居

林蔚旧居位于南京市鼓楼区中山北路 215 号。

该建筑系民国时期国防部次长林蔚的住宅(产权化名：林树德堂)。这是一幢砖木结构、带阁楼的西式洋房，建于1936年6月，占地面积230平方米，建筑面积481平方米，主楼坐北朝南，米黄色外墙，老虎窗壁炉齐全。木质门窗，正面外墙、阳台、沿口栏杆装饰细腻，属现代西式风格。1935年9月14日，林蔚以38453元在此购地6.88亩建房和花园。根据记载，林蔚后售给孙艾文，并以户名发状。目前，该建筑产权为772厂，保护状况一般。

林蔚（1889-1955），字蔚文，浙江黄岩人，国民党军陆军二级上将。在家乡中学毕业后，林蔚相继入江南陆军学堂和陆军大学第四期学习。民国年间，蒋介石按“黄、浙、陆、一”（即黄埔军校毕业、浙江人、陆军大学毕业、第一军出身）的用人标准，任命陈诚为警备司令。林蔚因是陆大毕业生，且是浙江人，所以也颇受蒋介石和陈诚的青睐。1926 年后，林蔚先后担任国民革命总司令部警备第 1 师参谋长、第 27 军参谋长、国民政府军事委员会办公厅副主任、铨叙厅厅长、参谋部次长、蒋介石侍从室主任、军政部次长、桂林行营副主任等职。抗战期间，他曾率部参加缅甸密支那战役，是抗战的有功之臣。

林蔚虽然是蒋介石的心腹，但其为人忠厚踏实，不唯乡派，也不培植个人帮派党羽，专心一意效劳蒋介石，先后两次将最高人事部门签报晋升他为上将的名字画掉，私德颇好，因此受人所重。抗战期间，国民政府主席林森颁发给军事委员会各部、厅、会主官一枚忠勤勋章，林蔚在批阅时，将自己的名字删去，后历任国防部次长。1949 年随蒋介石到台湾，1955 年去世，享年 66 岁。

胡小石旧居

胡小石旧居位于南京市鼓楼区天竺路 15 号。

该建筑建于 1935 年，院落占地面积 765.8 平方米，建有砖木结构的西式楼房 1 幢，另有平房 2 间，建筑面积 297.7 平方米，原产权人谢英士。1951 年，谢英士的子女将该处卖给胡小石。目前，该处仍保留主楼 1 幢，主楼坐北朝南，高为二层，黄色拉毛外墙，尖顶红瓦，东北侧拱形门，一楼南侧门庭，拱形门窗，二楼内廊，院内有东西二侧平房 2 间，整个院落及房屋均保护很好，现已转售他人。

胡小石（1888—1962），名光炜，字小石，号倩尹，因所居室名先后为“愿夏庐”“蜩庐”，故又号夏庐，晚号子夏、沙公、蜩公等。胡小石原籍浙江嘉兴，生长于南京。其父胡季石是清末著名学者刘熙载的门生，长于古文、书法。从小就聪颖好学的胡小石 14 岁参加科举考试，与吕凤子同时中举。1906 年，胡小石与吕凤子一同考取两江师范学堂博物科，因才受清道人（李瑞清，人称梅庵先生）青睐。在大书法家梅庵先生的亲自教导下，胡小石书艺大进，后又拜陈散原、沈曾植等为师，攻习诗词、经史，曾任北京女高师中文教授兼系主任，后又历任武昌大学、金陵大学、中央大学等多所大学的教授、系主任和文学院院长。中华人民共和国成立后，胡小石任南京大学中文系主任，后任文学院院长兼图书馆馆长等职，长期从事古文字、声韵、训诂、经、史籍、诸子、佛典、道藏、金石、书画之研究与教学，广泛涉猎，造诣精深，水平很高，雅望声著，1961年兼任江苏省书法印章研究会副会长。

胡小石是一位名扬学术界、艺术界的大师级人物，桃李满天下，尤其是书法艺术博采众长，自成一家，世所公认，并在书学理论上也取得了很大的成绩，其为人“孤峻绝物”，高风亮节，为人称道，令人尊敬。

1962 年，一代书法大师、著名学者胡小石先生在南京逝世，享年 74 岁，先葬于城南望江矶，后迁入江浦求雨山，由弟子曾昭燏撰写墓志铭。

范汉杰旧居位于南京市鼓楼区莫干路 6 号。

该建筑建于1937年，原产权人许擀方，伪国民政府立法委员，中华人民共和国成立前夕逃往香港。1946年许擀方将该处出让给范汉杰。该院落占地面积900平方米，有砖木结构的西式主楼房1幢、平房3幢，建筑面积394平方米。主楼建筑面积346.4平方米,坐北朝南,高二层，米色外墙,坡顶红瓦带壁炉。目前,有主楼、平房各1幢，房屋保护及院内环境均好。

范汉杰，名其迭，字汉杰，1896 年 10 月 29 日生于广东大埔县三河镇梓里村。范汉杰少时在其父创办的梓里公学就读，后在广州理工学堂格致班肄业，1911 年夏考入广东陆军测量学堂第五期三角科天文测量班。1913 年，出任广东陆军测量局三角课课长。1918 年，任援闽粤军总司令部军事委员。1920 年，任两广盐运使署缉私总稽九江缉私船管带，后调任江平舰舰长。1923 年后，历任桂军总司令部中校参谋、作战课长、第六路军司令等职。1924 年，考入黄埔军校第一期，毕业后返回粤军并任粤军第

范汉杰
旧居

1 师 1 旅中校参谋、营长。1926 年，任国民革命军第 4 军第 10 师第 29 团上校团长，随部参加北伐，后被任命为第 10 师副师长。1927 年，任浙江省浙东警备师师长，同年秋，蒋介石下野，范汉杰辞军职赴日本留学，后转赴德国学习和考察军事。回国后，任第 19 路军总部参谋处长、副参谋长，参加淞沪抗战。19 路军进驻福建后，范汉杰任福建省绥靖公署参谋处处长。1933 年 11 月，陈铭枢、蒋光鼐、蔡廷锴率 19 路军发动反蒋抗日的“福建事变”，范汉杰受郑介民策动交出密码本，致使 19 路军被瓦解，19 路军番号也被取消。1934 年秋，范汉杰入庐山军官训练团第三期学习，1935 年任陆军第 1 师参谋长，1936 年 1 月被授陆军少将，同年 9 月由陆军第 1 军军长胡宗南保荐任该军副军长。

淞沪抗战爆发后，第 1 军开赴上海，范汉杰也随部参战。1938 年 4 月，任军事委员会政治部第一厅厅长，9 月改任第 27 军军长兼郑州警备司令。1938 年 8 月，范汉杰率部挺进晋东南，在中条山地区与日军作战，历时 2 年。1942 年 1 月，任国民革命军第 34 集团军副总司令，同年 8 月任国民革命军第 38 集团军总司令，后调任第八战区副司令长官部参谋长。1945 年 3 月 8 日，被授予陆军中将，是年 5 月当选为国民党第六届中央监察委员。

国共内战时期，范汉杰先后任军事委员会委员长东北行营副主任、国防部参谋次长、陆军副总司令兼郑州指挥所主任等职。1948 年任陆军副总司令、山东第一兵团司令官、热河省政府主席、东北“剿总”副总司令兼锦州指挥所主任等职。在辽沈战役的锦州攻坚战中，范汉杰被解放军俘虏。1960 年 11 月特赦获释，任全国政协文史资料研究委员会专员和第四届全国政协委员。1976 年 1 月 16 日在北京逝世，著有《抗战回忆记》《国民党发动全面内战的序幕》《锦州战役经过》《胡宗南部在川北阻截红军经过》等，译有《德国步兵动作》等。

谭道平旧居

谭道平旧居位于南京市鼓楼区江苏路 1 号。

该建筑建于 1937 年，院落占地面积 990 平方米，建有砖木结构西式楼房 1 幢、平房 3 幢，建筑面积 350 平方米，原产权人凌君珂，1949 年谭道平以谭月娘之名购买自住。该处现有主楼 1 幢、平房 3 幢，主楼坐北朝南，青砖水泥外墙，大坡屋架顶，坡顶青瓦带壁炉，钢门钢窗，部分木制门窗，北侧、东北侧平房计 3 幢，均为水泥外墙，坡顶青瓦，现为东部战区使用。

谭道平（1905—1985），原名月修，号家恒，湖南长沙人。黄埔军校第六期步兵科、陆军大学第十一期毕业生，1937年任南京卫戍司令长官部参谋处第一科科长，亲笔起草了保卫南京的《南京防守计划》，力主防守重点不在外围，而在复廓阵地，后来战局的发展都印证了他的观点。他编著的《南京卫戍战史话》《南京保卫战》等书，是还原那次战役的最权威史料，条理清晰，数据翔实，至今还为研究这段历史的人所必读。

南京失陷后，谭道平先后担任第三战区司令长官部参谋处长、第 10 集团军少将副参谋长、第 23 集团军参谋长、浙苏皖边区挺进军参谋长兼代党政处长、第 28 军第 62 师师长、闽北师管区司令等职。1949 年，谭道平任国防部参谋总长办公室主任。他回到南京后，看到国民党大势已去，败局已定，遂于 1949 年 10 月赴香港定居，并为中共从事策反和情报工作。新中国成立后，谭道平回到家乡，被任命为湖南省人民政府参事和湖南省政协委员，1985 年因病逝世，享年 80 岁。

邓寿荃旧居

邓寿荃旧居位于南京市鼓楼区江苏路 3 号。

该建筑建于 1935 年，院落占地面积 380 平方米，建有砖木结构西式楼房 1 幢、平房数幢，原产权人邓守荃。目前该处现余主楼 1 幢，坐北朝南，假三层，拉花外墙，大坡架屋顶，青瓦带老虎窗、壁炉，建筑面积346.8平方米。

邓寿荃（1886—1946），又名兴南，湖南安化人。湖南高等工业学校肄业，曾任县、省参议员及长沙黑铅炼厂厂长、湖南造币厂厂长、水口山矿务局局长、省财政厅厅长、建设厅厅长、粤汉铁路局局长、国民政府监察院参议等职。1934 年，任监察院参事，后间或从商。1939年，任行政院行政委员，大做药材和黄金生意。晚年定居安化县城，成为一方豪绅，与中共关系较好。早在1922年的水口山工人运动中，唐生智答应工人提出的条件，选派与共产党有联系的邓寿荃担任局长。他在 1926 年出任湖南省建设厅厅长时，毛泽东的挚友罗宗翰当他的秘书，在罗的推动下，邓注意扶持工农运动，批准建立了湖南省总工会，每月拨给省农民协会经费 3000 元，在湖田溢亩项下拨出 20000 元，分拨给各县办理农民训练班，推动了湖南省农工运动的开展。邓寿荃与毛泽东的老师徐特立还是好友，1940 年 6 月，徐特立秘密到安化县城，当时就住在邓的家里。中共方面对邓寿荃曾作有这样的评价："邓为人确甚能干，且对我们意见极力尊重。"（1926 年 11 月 3 日《中央政治通讯》第 10 期）

袁守谦旧居

袁守谦旧居位于南京市鼓楼区江苏路 13 号。

该建筑建于 1937 年前，院落占地面积 600 平方米，建有砖木结构的西式楼房 1 幢、平房数幢，原产权人唐少侯。1946 年袁守谦从唐少侯手中购得自住，但未办正式手续。新中国成立初期西南服务团、中共元老林伯渠的女儿林秉衡和女婿伍正谊教授（南京精神病防治院创始人之一）曾在此居住过。该处现有主楼 1 幢，坐北朝南，高二层，黄色拉毛外墙，人字坡顶，多边形顶，红瓦带老虎窗，一楼西南侧大门为内廊，东南侧突出多边形，建筑面积 282.7 平方米。

袁守谦（1904—1992），湖南长沙人，陆军二级上将。1924 年春，袁守谦由驻粤湘军总司令谭延闿保荐投考黄埔军校第一期步兵科，同年 5 月任国民政府军事委员会政治训练处秘书长及副处长、代理处长兼军委会国民党特别党部书记长，1937 年 5 月授陆军少将。抗战全面爆发后，任国民政府军事委员会政治部第一厅副厅长、第一战区政治部中将主任。蒋介石曾特召他去监视白崇禧。袁守谦服务于国民党政府，有一套韬晦保身之术，一生历军、政两界要职。1992 年，袁守谦在台湾去世，终年 88 岁。

李子敬旧居

李子敬旧居位于南京市鼓楼区江苏路 17 号。

该建筑建于 1935 年，院落占地面积 500 平方米，建有砖木结构的西式楼房、平房各 1 幢，原产权人徐长祥，1947 年李子敬从徐的手中购得自住。该处现有主楼1幢，坐北朝南，假三层，拉毛外墙，坡顶红瓦，带老虎窗壁炉，部分窗户为拱形窗框，建筑面积243平方米。

李子敬(1908—1962)，安徽太和人(一说河南永城人)。国民党中央陆军军官学校高教班第三期、国民党陆军大学特别班第四期毕业生，曾任国民革命军第5军参谋作战科参谋、团参谋主任等职。抗战爆发后，历任国民党军第5军第88师团长、江苏省政府总务科科长、军事委员会委员长与重庆行营副官处少将副处长、第三战区司令长官部总务处处长及副官处处长等职。1943年至1945年，转任徐州绥靖公署、国民党陆军总司令部总务处少将处长、福闽师管区司令，期间兼任郑州和徐州的军政之职，1948年当选为第一届国民大会河南永城的代表，后随蒋介石到台湾。1962年6月14日病逝于台湾，终年54岁。

黄杰旧居位于南京市鼓楼区钱塘路 12 号。

该建筑建于 1945 年，院落占地面积 800 平方米，建有砖混结构的西式楼房、附属小楼及平房各 1 幢，建筑面积 501 平方米。新中国成立前，黄杰自住；新中国成立后由市房管局代管，先后拨给三野招待所等单位使用。目前，该处仍有主楼、附属小楼、平房各 1 幢。主楼坐北朝南，高二层，粉色外墙，人字坡顶，青瓦带老虎窗和壁炉，一楼突出门廊，二楼带露天小阳台，院中北侧一小二楼均为粉色外墙，院中环境及整体建筑保护较好，现为东部战区使用。

黄杰（1903—1996），湖南长沙县榔梨乡人，国民党中央常务委员、陆军一级上将。黄杰早年就读于长沙岳云中学和湖南省立一中，1924 年考入黄埔军校第一期，后相继在庐山军官训练团、陆军大学将官班、中央训练团党政班及国防大学联战系接受训练。1925 年后，历任国民党军连长、营长、团长、旅长、师长等职，参加过东征、北伐等战役。1933 年，黄杰率第 2 师移师于长城脚下，在沽北口与侵犯日军激战 5 昼夜，后奉命率部移防徐州、青岛等地。1937 年抗战爆发后，黄杰任第 8 军军长，率部参加淞沪会战、徐州会战等战役，1939 年 9 月调任成都中央军校教育处处长，1940 年 5 月调任桂林中央军校第六分校主任，1943 年任第 11 集团军副总司令兼第 6 军军长。1944 年 4 月，所部编入中国远征军战斗序列，参加滇西反攻战役；同年 9 月升任第 11 集团军代总司令，率部对驻守于龙陵、芒市、遮放、畹町等地日军发起猛攻，相继收复这些城镇，并于 1945 年 1 月越过中缅边境，与驻印国军及盟军胜利会师，取得了滇西反攻的重大胜利，完成了打通国际交通线滇缅公路的任务。1945 年 3 月，黄杰任中国陆军总司令部第1方面军副司令官兼中印公路东段警备副司令，参与指挥对日反攻作战。抗战胜利后，黄杰任国民党中央训练团教育长兼军官训练团教育长。自 1948 年 7 月起兼长沙绥靖公署中将副主任、国防部中将次长、陆军第 5 编练司令官等职。1949 年 8 月，程潜、陈明仁在长沙率部起义后，黄杰奉命回湖南任省政府主席兼第 1 兵团司令官和湖南绥靖总司令，后率 3 万残兵败退入越南境内。1953年6月到台湾。1996年病逝于台湾，终年93岁。

黄杰旧居

李四光工作室旧址位于南京市鼓楼区汉口路22号南京大学北园。

该旧址建筑建于抗战以前，李四光在1932年任中央大学代理校长期间，这幢小楼是他办公和教学的地方。小楼位于南京大学北园西南角，为中西合璧独立式楼房，坐西朝东，正门前有石台阶。占地面积150平方米，建筑面积420平方米，楼高三层，地上二层带阁楼，地下一层。目前，产权归南京市房产局，南京大学代管。

李四光，蒙古族，字仲拱，原名李仲揆，1889年生于湖北省黄冈县（今湖北省黄冈市团风县回龙山镇）。他自幼就读于其父李卓侯执教的私塾，14岁告别父母到武昌报考高等小学堂。填写报名单时，他误将姓名栏当成年龄栏，写下了“十四”两个字，随即灵机一动将“十”改成“李”，后面又加了个“光”字，从此李仲揆就变成了李四光。

1904年，李四光因学习成绩优异被选派到日本留学，1910年从日本学成回国。武昌起义后，他被委任为湖北军政府理财部参议，后又当选为实业部部长。袁世凯上台后。革命党人受到排挤，李四光到英国伯明翰大学学习。1917年，李四光从英国伯明翰大学毕业并获得硕士学位。1918年，李四光决意回国效力。途中，为了解十月革命后的俄国，他特地取道莫斯科。从1920年起，李四光担任北京大学地质系教授、系主任，1928年到南京担任中央研究院地质研究所所长，后当选为中国地质学会会长。1928年7月国民政府决定组建国立武汉大学，国民政府大学院（教育部）院长蔡元培任命李四光为武汉大学建设筹备委员会委员长。1932年任中央大学代理校长，1937年任中央大学理学院地质系名誉教授，同年11月率中研院地质所迁往广西。1944年至1946年，任重庆大学教授，并在重庆大学开设全国第一个石油专业。

1949年新中国成立之际，正在国外的李四光被邀请担任政协委员。得到消息后，他立即做好了回国准备。这时，伦敦的一位朋友打来电话，告诉他国民党政府驻英大使已接到密令，要他公开发表声明拒绝接受政协委员职务，否则就要被扣留。李四光当机立断，只身离开伦敦来到法国。两星期后，李夫人许淑彬接到李四光来信，说他已到了瑞士与德国交界的巴塞尔，夫妇二人在巴塞尔买了从意大利开往香港的船票，于1949年12月启程秘密回国。

李四光工作室旧址

李四光回国后，先后担任地质部部长、中国科学院副院长、全国科联主席、全国政协副主席等职。1958年，李四光由何长工、张劲夫介绍加入中国共产党，以巨大的热情和精力投入到地震预测、预报以及地热的利用等工作中去。1971年4月29日，李四光因病逝世，享年82岁。

侯镜如旧居位于南京市鼓楼区大方巷39号。

该旧居建于1948年，是侯镜如以其妻李尚芝名义在此购地1213平方米，建有砖木结构的西式楼房1幢15间，平房、附属楼房各1幢，建筑面积487.8平方米。主楼坐北朝南，西式风格，假三层，带老虎窗，米黄色外墙，红瓦相间交错，目前保存状况较好。

侯镜如，号心朗，河南永城人，1902年10月17日生于河南永城县薛湖镇侯楼村。13岁毕业于永城高等小学，15岁考入河南省留学欧美预备学校，21岁转入河南大学理科班。1924年，他投笔从戎，考入黄埔军校第一期。入学不久，侯镜如即参加了国民党，同时也加入了由中国共产党员发起成立的外围组织青年军人联合会。在校期间，他听过孙中山先生讲演，接受共产主义思想。同年11月毕业后，任教导第1团排长，先后参加了第一次、第二次东征，并于1925年10月秘密加入中国共产党。1926年，"中山舰事件"后，身份没有暴露，继续留在第1军做秘密工作。是年7月，他随部参加北伐，任东路军第14师第48团参谋长。同年冬，北伐军攻占福州，侯镜如调任第17军第3师党代表兼政治部主任。

侯镜如旧居

1927年2月，侯镜如按照中共党组织指示，离开北伐军前往上海，参加由周恩来、赵世炎领导的上海工人第三次武装起义的准备和指挥工作，是暴动总指挥成员之一，后在指挥战斗中中弹负伤，伤愈后乘船至武汉，出任武汉三镇保安总队长。同年7月15日，汪精卫在武汉"清共"，侯镜如离开武汉去鄂城，任贺龙第20军教导团团长，于8月1日随队参加南昌起义。是年8月底，侯镜如随军南下抵江西会昌，在与钱大钧的第12军作战中再次负伤。于香港伤愈后，他回上海在中共中央军委机关工作，1928年4月奉命到河南开封担任中共河南省委军委书记，在接头时被捕入狱。1929年7月，经狱外党组织营救获释出狱。1931年，侯镜如转回上海，因顾顺章叛变，党组织遭到破坏，与党组织失去了联系。不久，经黄埔同学引荐，侯镜如到河南刘峙部任开封行营咨议，并以刘峙的代表名义，到山西晋城与41军军长孙殿英联络，被孙殿英委任为该军驻南京办事处代表。1933年春，侯镜如先后任41军第30师参谋长、该师89旅旅长，1937年调任第91军参谋长，翌年任第92军第21师师长，率部先后参加了台儿庄会战、武汉会战、枣宜会战等战役。1943年升为第92军中将军长。

1948年秋，侯镜如出任第17兵团司令。是年9月12日，东北解放军发起辽沈战役。10月，他奉蒋介石之命率部增援锦州，向解放军塔山阵地发起猛烈攻击，均被打退。辽沈战役结束后，第17兵团司令部设在塘沽，侯镜如任天津保安司令。天津解放后，他乘"重庆号"军舰逃跑，改任长江防务预备兵团副司令，1949年4月底率部退至福州，任福州绥靖署副主任兼华东军官团总团长，旋赴香港。

1952年，侯镜如从香港回到北京，后历任国务院参事、中华人民共和国国防委员会委员、北京市人大常委副主任以及中国人民解放军和平与裁军学会副会长等职，并当选为第二届至第七届全国政协委员常委。1988年9月，任中国和平统一促进会会长，后又担任第八届全国政协副主席、黄埔军校同学会会长等职。1994年10月25日，侯镜如因病在北京逝世，享年92岁。

白崇禧旧居

白崇禧旧居位于南京市鼓楼区清凉山 83 号。

该建筑坐落在清凉山公园内东南侧，坐西朝东，西洋别墅花园式风格，楼高两层，青砖墙面夹白色水线纹，青色瓦面，人字坡顶，错落有致，上有老虎窗，建筑面积 326 平方米。现保护状况较好。

白崇禧（1893—1966），字健生，回族，原籍江宁上元县水西门（今南京水西门），生于广西临桂县云仙乡三威（又作“尾”）村，先祖为蒙古族伯克鲁丁后裔，其祖白志书于太平天国时期携家迁居广西桂林。白崇禧早年丧父，母亲又双目失明，家境贫穷，遂有从小立志、出人头地的想法。14 岁时，白崇禧入蔡锷为校监（相当于后来的校长）的广西初级陆军学校就读，后改入广西政法学校。辛亥革命后，白崇禧入武昌第二陆军预备学校就读。1913 年 6 月，白崇禧考入保定军官学校第三期，与黄绍竑、夏威等同乡相善，并由此而构成后来的桂系骨干。北伐战争开始后，桂军改编为国民革命军第 7 军，白崇禧出任国民革命军副参谋长兼第 2 旅旅长。1927 年 3 月，白崇禧率部抵达上海郊区。上海工人第三次武装起义胜利后，白氏率部进驻上海并任警备司令，翌年因不满蒋介石的独裁统治，与李宗仁等两次策划反蒋战争，均以失败告终。1932年，李宗仁出任广西绥靖主任，白崇禧任副主任兼民团司令。

全面抗战爆发后，白崇禧到南京就任军事委员会副参谋长兼军训部长。1938年3月初，蒋介石特派白崇禧到徐州协助李宗仁指挥作战，取得台儿庄大捷。之后，白崇禧还指挥了武汉保卫战，1938年12月任广西行营主任。

1946 年 6 月，白崇禧出任国民政府国防部部长，积极追随蒋介石打内战，颇不得人心。1948 年 5 月 31 日，白崇禧改任战略顾问委员会主任兼华中军政长官。解放军渡过长江后，发起广西战役，白崇禧的“华中军政长官公署”及其直属部队被解放军歼灭 17.3 万余人，其 30 万人马被歼过半。1949 年底，白崇禧由南宁去往台湾。1966 年 12 月 2 日，白崇禧因病在台北猝然去世，终年 73 岁。

俞大维旧居

俞大维旧居位于南京市鼓楼区虎踞北路南祖师庵 7 号。

该建筑建于1929年，建筑面积843.7平方米，法国风格，楼高三层，上建有老虎窗，砖混结构，间以黄色拉线，房顶呈四坡形状。建筑的东侧面为半圆形，三层均建有宽敞阳台，内置木制楼梯。整幢建筑依然保持原有的建筑风貌，保护状况良好。

俞大维系清末民初浙江名人俞明震之侄，曾国藩之曾外孙。1918年，21岁的俞大维考入圣约翰大学，毕业后考入美国哈佛大学并获哲学博士学位，后又进入德国柏林大学深造，成为知名的军事弹道学专家。回国后，俞大维历任国民政府军政部少将参事、参谋本部主任秘书、驻德国大使馆商务专员等职。1933 年任国民政府军政部兵工署署长，1943 年晋升为军政部次长，1946 年任交通部部长兼美援委员会委员，并作为蒋介石与马歇尔之间的翻译联络，是“三人小组”成员之一，参加与中共的谈判。1949 年，俞大维到了台湾任行政主管部门“政务委员”。俞大维晚年主张一个中国，坚决反对“台独”。1992年，俞大维在接受记者采访时明确表示，深信中国一定能够统一，认为某些人主张所谓“一中一台”全然是幻想，是一厢情愿的想法，是办不到的。

1993 年 7 月 8 日，俞大维因病在台北逝世，享年 96 岁。

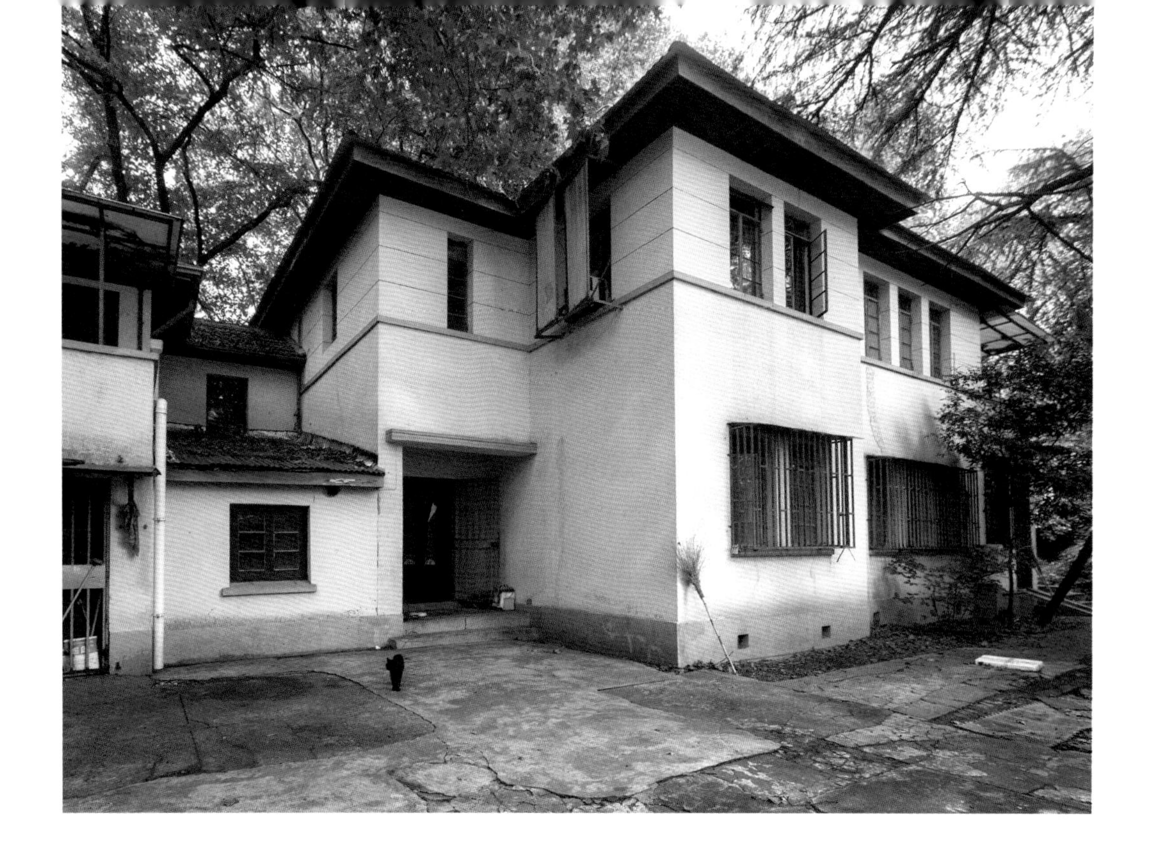

叶楚伧旧居

叶楚伧旧居位于南京市鼓楼区五台山百步坡 4 号。

该建筑建于 1945 年，院落占地面积 1244.7 平方米，建有砖木结构的西式楼房 1 幢，建筑面积 373.3 平方米。1983 年，该建筑划拨给省级机关事务管理局。该处现有主楼 1 幢，坐北朝南，高二层，米黄色外墙，坡顶红瓦，二楼东侧有露天阳台，木制门窗，部分改为铝合金推拉窗，西侧部分为附属房，东侧为花园。现为省级机关使用，房屋保护较好。

叶楚伧（1887—1946），国民党元老，南社著名诗人和政治活动家，原名宗源，又名单叶，字卓书，别字小凤，楚伧系其早年所用笔名，后遂以此笔名行世，江苏吴县人，出生于一个家道中落的书香门第。幼年的叶楚伧好学不倦，师从名师学习诗文。1903 年后，叶楚伧相继入上海南洋公学、浔溪公学读书，翌年考入苏州高等学堂。青年时代，叶楚伧率领一批有志青年，组织“文明度年会”，大破旧俗，使家乡的风气有所好转。不久，叶楚伧南下广东汕头，代柳亚子的表兄陈去病就任《中华新报》主笔，同时参与对反清革命组织“诗钟社”的领导。

叶楚伧从小便忧愤国事，为谋求中国的出路，成年后积极响应孙中山的革命主张，于 1909 年春在汕头参加同盟会，积极从事反清活动。辛亥革命后，叶楚伧投笔从戎，参加姚雨平的粤军并在军中担任参谋长。南京光复后，叶楚伧离开军队，致力于政治宣传工作。1913 年，叶楚伧到上海与于右任、戴季陶、邵力子等创办《民报》，1924 年被孙中山指定为国民党党章起草委员会委员。1925 年 11 月，国民党右翼召开西山会议时，叶楚伧为其中主要成员之一。但在国民革命军北伐前，他宣布脱离西山会议派，出任国民党中央执行委员会常务委员兼秘书长，1929 年 3 月任国民党中央宣传部部长，1935 年任国民政府立法院副院长，1945 年再度当选国民党中央执行委员会常务委员，旋被任为苏浙沪宣慰使，赴南京、上海等地发挥宣慰作用。

叶楚伧曾任江苏省政府主席，身居要职，仍不忘当年亲友照顾，不忘当年的清寒生活。他办事很有原则，不徇私情，且热心助学，口碑甚好。

1946 年 2 月 15 日，叶楚伧因病逝于上海，享年 60 岁，著有《世微楼诗稿》《楚伧文存》及章回体长篇小说《古戍寒笳记》《如此京华》等，有人曾这样评论他的诗文：“文则雄健，诗则高古。”

傅抱石
旧居

傅抱石旧居位于南京市鼓楼区汉口西路 132 号。

该建筑坐北朝南，高二层，带阁楼，西式风格，砖混结构，木制门窗，现有主楼及平房各 1 幢，主楼为米黄色墙面，青色瓦顶，北侧另有一排附属平房，均建于20世纪30年代中期，建筑面积3000平方米。新中国成立后，傅抱石居住此处，直至1965年病逝。庭院中现有汉白玉傅抱石半身雕像及书法碑刻。主楼辟为“傅抱石纪念馆”，里面陈列着傅抱石的代表作品及相关纪念物。2006 年，汉口西路 132 号傅抱石旧居被列为南京市文物保护单位，现辟为傅抱石纪念馆。

傅抱石（1904—1965），原名瑞麟，后更名抱石并以此行世，江西新余人，1904年10月5日出生于江西南昌一个贫苦工匠之家。幼年在瓷器店当徒工，1926年毕业于江西省第一师范艺术科，后当小学教师，曾以走街串巷修伞糊口，作画全靠自学。1931 年，带领中央大学艺术系学生从庐山写生归来的艺术大师徐悲鸿，途经南昌时偶遇并发现了出身贫苦、才华横溢的傅抱石，建议他出国深造，且亲自为他筹措留学费用，傅抱石终于梦想成真，东渡扶桑，于 1933 年至 1935 年留学日本东京帝国美术学校，随金原省吾学习东方美术史，兼习工艺雕刻。傅抱石归国后，在中央大学艺术系任教，抗战期间在郭沫若领导的政治部第三厅任职，积极从事抗日

宣传工作。1946年，他继续执教于中央大学艺术系。新中国成立后，傅抱石历任南师美术系教授暨国画教研室主任、美协江苏分会主席、江苏省国画院院长、江苏书法印章研究会会长、西泠印社副社长、中国美术家协会副主席、全国政协委员、第三届全国人大代表等职。1959年9月，他与关山月合作的巨幅国画《江山如此多娇》，成为举世瞩目的当代名画。傅抱石一生与南京关系密切，除抗战时期在重庆宣传抗日和任教外，前后在南京生活、工作了22年，与南京结下了不解之缘，并留下2000余幅画作及大量的篆刻作品；他在南京撰写了许多理论著作，其中包括《国画源流概述》《中国绘画变迁史纲》《中国美术年表》《石涛上人年谱》《中国古代山水画史的研究》《中国的山水画和人物画》等；他用20年时间完成的巨著《中国美术史》，对我国美术史的研究具有开拓性和独创性的贡献。傅抱石创作的《虎踞龙盘今胜昔》《雨花台颂》以及以玄武湖、中山陵等风景名胜为素材而创作的四条屏等皆为珍品，令人喜爱。

作为著名的国画家，傅抱石独具一格地创造了“散锋笔法”，被誉为“抱石皴”，也是新创造。傅抱石还是一位辛勤的艺术教育园丁，为培育大批美术人才做出了重要贡献。傅抱石于1965年逝于南京，享年61岁，后安葬于城南望江矶公墓。

袁晓园旧居

袁晓园旧居位于南京市鼓楼区五台山1号-2。

该建筑原为国民政府资源委员会工程师谭季甫和谭伯羽于1930年自建，总占地面积16153平方米，建有砖木结构的西式楼房1幢、平房2幢，建筑面积约480平方米。楼房坐西北面东南，地下一层，地上假二层，米黄色拉毛外墙，人字坡顶，红瓦错落有致；部分外墙下半部分为石头垒砌，屋顶带老虎窗，主楼东侧现还保留水塔1座。20世纪40年代，袁晓园和丈夫叶楠曾在此生活。目前，房屋保护较好。

袁晓园（1901—2003），曾用名袁行洁，祖籍江苏武进，是国民党元老、文化和新闻界知名人士叶楚伧的儿媳，外交官叶南的爱人。她出身于翰墨之家，早年两度赴法留学。20世纪30年代初，曾任厦门税务局副局长，成为中国第一位女税务官。20世纪40年代，曾任国民政府驻印度加尔各答领事馆副领事，成为中国第一位女外交官。她一度还担任过宋美龄的法文翻译，是民国史上一位活跃的人物，后任纽约联合国总部中文秘书。1985年，袁晓园放弃了30多年的美国国籍回北京定居。她还致力于现代汉字改革，提出了汉字现代化方案，创袁氏拼音汉字字母，成为中国第一位女汉字改革家。1995年后，袁晓园回南京定居，先后任全国政协委员、民革中央监委、北京国际汉字研究会会长、国际书画艺术研究会会长、美国新泽西州西东大学客座教授等职。2003年11月17日，袁晓园在南京病逝，享年102岁。

陈裕光旧居

陈裕光旧居位于南京市鼓楼区汉口路71号和平仓巷5号。

汉口路 71 号始建于 1920 年，为陈裕光的父亲陈建明所建 ,1941 年后归陈裕光所有。该建筑坐南朝北，大门向东，西式风格，砖混结构，楼高三层，另有地下室一层，计有房 24 间。新中国成立后，该建筑曾为南京大学校长匡亚明、曲钦岳等人所居。基本上保持着原有风貌，保存状况较好。1989 年，陈裕光去世后，该建筑房产权归其子女所有。1995 年 7 月 12 日，陈家将该房产捐赠爱德基金会。

平仓巷 5 号为法国风格的别墅建筑，原为一处独立院落（现已敞开），坐北朝南（西面亦有开门，南门和外置式走廊现已封闭），砖混结构，灰白色墙面，青平瓦屋顶，楼高二层带阁楼，另有地下室一层，建于 1912 年，建筑面积 439 平方米。建筑西门处的高台阶上建有7根白色的圆形立柱，托着二层晾台，颇为美观。该处现为南京大学使用，保护状况良好。

陈裕光（1893—1989），字景唐，原籍浙江鄞县（今宁波）人，生于南京。1911年中学毕业后，考入金陵大学化学系。1916年金大毕业后，因品学兼优被金大资助到美国哥伦比亚大学留学深造，并获得化学博士学位。1922年夏回国，被聘为国立北京师范大学物理化学系主任、代理校长，1925年又被金陵大学聘为金大化学系教授。1927年后，历任金陵大学校长、三民主义青年团筹备时期中央监察会监察、南京参议会议长等职。在主政金陵大学期间，陈裕光有一件事常为师生所津津乐道。1931年九一八事变爆发，日军发动侵华战争，消息传到金大，全校沸腾，学校迅速成立“反日救国会”，组织师生军事训练，召开誓师大会。陈裕光带领全校师生宣誓“永不使用日货”，极大地激发了全校师生的爱国热忱。嗣后,与金大紧邻的日本总领事馆挑衅,树立了一根与北大楼等高的钢骨水泥旗杆。师生们见到太阳旗高过金大校园的国旗，异常气愤，认为必须打击其嚣张气焰。于是，30多名学生发动募捐，建筑更高的旗杆以示抗议，全校师生积极响应，陈裕光校长积极支持，新旗杆迅速建成，高出日旗10尺，国旗在蓝天白云中飘扬，表达了金陵大学全校师生的高度的爱国之情。

新中国成立后，陈裕光仍任金陵大学校长，后调整至上海工作，1973 年退休，曾任上海市政协委员。1989 年 4 月 19 日，陈裕光在南京病逝，享年 96 岁。

甘乃光旧居位于南京市鼓楼区灵隐路 24 号。

1937年前，甘乃光在此购地建房。该院落占地面积810平方米，建有砖木结构的西式风格主楼房、附属楼房、平房各1幢，建筑面积370.6平方米。主楼坐北朝南，假三层，大坡屋架顶，尖顶青瓦，带老虎窗，南侧二楼带露天阳台，木制门窗，主楼北侧1幢附属小二楼，中部连廊连接主楼，西部为车库。现余有主楼及附属小二楼各1幢。

甘乃光（1897—1956），本名杰才，字乃光，号自明，喻自乃光明之意，广西岑溪县岑城镇菜园村人。其父甘绍相是早期同盟会会员，长期追随孙中山先生，后被袁世凯手下暗杀，幸得其父生前好友以及革命党人抚养，甘乃光得以成人。1917 年，甘乃光以优异成绩考入岭南大学，在校期间以英文见长，5 年后毕业留校。

1924 年第一次国共合作期间，甘乃光加入中国国民党，任廖仲恺秘书，编撰《经济日报》。黄埔军校创办后，任黄埔军校政治部英文秘书兼教官。

1925年8月，廖仲恺被刺案发生，国民政府委派其为检查委员会委员。在国民党二大上被选为中央执行委员，二届一中全会上被选为中央执行委员会常务委员兼青年部部长。1926年5月，甘乃光与蒋介石等9人联名提出“整理党务案”。1927年4月17日，被蒋介石定为中央宣传委员会委员。9月，甘乃光作为武汉政府代表，前往上海参加国民党汉、宁、沪三方谈判，后任广州市市长。不久，甘乃光被指责袒护共产党发动广州起义而被革职。1928年，甘乃光被通缉而被迫逃亡美国，由此入哥伦比亚大学研究生院学习，稍后又到英、法、德等国游历考察,尤其是考察政府行政程序，历时一年有余。1929年3月，蒋介石对反对派实行清洗，甘乃光被开除国民党党籍。此后，甘乃光便追随汪精卫反对蒋介石，并开始著书立说，《先秦经济思想史》使他成为中国研究经济思想史的第一人。此外，他还著有《中国国民党几个根本问题》《孙文主义大纲》《 孙中山全集分类索引》《 中国行政新论》《孙中山与列宁》《农民运动初步》《怎样做农工行政》等,译著有《美国政党史》《英国劳动党真相》等。

1931年九一八事变后,国民党内各派在“共赴国难”的口号下重新联合。11月，在国民党第四次全国代表大会上，甘乃光被恢复党籍，重新当选为中央执行委员会委员和中央政治会议委员。全面抗战爆发后，甘乃光任国防参议会秘书长。1938年初，甘乃光和康泽等发起筹建三民主义青年团，并被指定为该委员会委员。此后，甘乃光先后担任国民党中央党部副秘书长、国防最高委员会副秘书长、外交部政务次长、行政院秘书长等职。1956年9月病逝于澳大利亚。

甘乃光旧居

黄琪翔旧居

黄琪翔旧居位于南京市鼓楼区上海路 11-6 号。

该建筑为江英志在 1933 年购买余青堂的空地上建成，1948 年 11 月 10 日黄琪翔以其妻郭秀仪之名购得。该处占地面积 945 平方米，建有砖混结构的西式三层楼房、二层楼房、平房各 1 幢，新中国成立后该处为省级机关单位使用。现仅余楼房 1 幢，坐北朝南，高二层，坡顶青瓦，木制门窗，建筑面积 280 平方米，保护状况较差。

黄琪翔（1898—1970），字御行，广东省梅县人，出生于一个贫寒农家。少年时代，黄琪翔先后入梅县务本中学、广州优级师范附中就读，辛亥革命后考入军校，后相继受训于广东陆军小学、湖北第三陆军中学和保定陆军军官学校。1919 年，黄琪翔在保定陆军军官学校炮兵科毕业被派往国防第 1 师炮兵团任排长，1922 年南下广州入张发奎部任职，1924 年参加讨伐陈炯明的东征战役。1926 年，国民革命军北伐后，黄琪翔历任师长、军长、军训部副部长、第 11 集团军和第 26 集团军司令长官等职。抗战时期，曾任中国远征军司令长官部副司令长官，是民国年间桂系主要干将之一。

1938 年 2 月 6 日，国民政府军事委员会政治部成立，陈诚为部长，黄琪翔与中共代表周恩来同为副部长。黄琪翔及其妻郭秀仪与周恩来、邓颖超多有交往，关系密切，友谊颇深。

新中国成立后，黄琪翔先后任中华人民共和国司法部部长兼中南军政委员会委员、国家体委副主任、国防委员会委员、第一届全国人民代表大会代表、全国政协常委、中国民主同盟第二届中央委员等职。1970 年 12 月 10 日，黄琪翔在北京病逝，享年 72 岁。

萧友梅旧居位于南京市鼓楼区武夷路 17 号。

该建筑建于 1937 年前，院落占地面积 833 平方米，建有砖木结构的西式楼房 1 幢，平房 1 幢数间，主楼坐北朝南，高二层，青砖外墙，坡顶青瓦，建筑面积 293.6 平方米，原产权人萧友梅，户名登记萧勤（萧友梅之子）。新中国成立前，该处曾出租给国民政府资源委员会使用。1953 年 4 月，拨给当时的华东军区使用，现为东部战区使用，建筑保护一般。

萧友梅（1884—1940），字雪朋，号思鹤，生于广东省香山（今中山），随父长于澳门。1901 年赴日留学，在东京音乐学校学习钢琴与声乐，并在日本帝国大学学习音乐教育。1906 年参加孙中山领导的同盟会。1912 年 1 月 1 日，孙中山在南京就任临时大总统，萧友梅任孙中山的秘书。期间，他因工作努力和才能出众而得孙中山的褒奖。1913 年，萧友梅到德国莱比锡音乐学院学习并取得博士学位，回国后相继在北京女子高等师范学校音乐体育专科、北京大学音乐传习所和北京艺术专门学校音乐系任教并担任领导。1927 年，在蔡元培的支持下，萧友梅在上海创办国立音乐学院，这是中国第一所专门音乐学院，蔡元培任校长，萧友梅任教务长负实际责任，为中国音乐教育事业和培养现代音乐专业人才奠定了基础。同时，萧友梅还创办了第一个由中国人组成的管弦乐队并自任指挥。此外，他还亲自编写音乐教材，并著有《风琴教科书》《钢琴教科书》《小提琴教科书》《中西音乐的比较研究》《古今中西音乐概说》《中国历代音乐概略》等，另又创作了《新霓裳羽衣舞》和《哀悼引》等优秀音乐作品。

萧友梅是中国现代史上著名的音乐家和音乐教育家，被誉为“中国现代专业音乐的奠基人”，也是上海音乐学院最重要的创始人。萧友梅因病于 1940 年逝世，享年 56 岁。

萧友梅
旧居

方东美
旧居

方东美旧居位于南京市鼓楼区宁海路 16 号。

该建筑建于 1933 年，是方东美在中央大学任教时购建。院落占地面积 736.66 平方米，建有砖木结构的主楼房 1 幢和平房数幢，建筑面积 500 平方米。其中主楼坐北朝南，高两层，假三层，西式风格，建筑面积300平方米。现房屋保护较好。

方东美（1899—1977），现当代著名哲学家，新儒学八大家之一，名珣，字德怀，后改字东美，曾用笔名方东英，安徽省桐城县杨湾乡（今属枞阳县）人。3 岁始读《诗经》，18 岁考入金陵大学预科第一部，1918 年升入文科哲学系。在校期间曾任学生自治会会长、金陵大学学报《金陵光》总编辑、学生学术团体“中国哲学会”主席。方东美上课时仔细听讲，认真思考。在一次国文课上，老师讲解《诗经》，方东美感觉迷惑，便向教师提出疑问，教师听他问得有理，就请他上台代讲。于是，他将自己 3 岁就开始熟读的《诗经》讲了一课，从注释、分析到评点讲得头头是道，有条不紊，让师生甚为佩服。由于金陵大学是一所教会学校，课堂上有很多老师都用英文讲解，方东美的英文阅读听写能力都很不错。当时教西洋哲学课的老师，是一位绅士派头十足的留英博士，一向自以为是。一次，在课堂上，方东美居然指出他对一段原著的讲解错误，博得同学们的喝彩。这些举动，在金陵大学被传为美谈，同学们都称赞他不但国文根底扎实，英文造诣也难倒了留英博士。五四运动爆发后，南京也积极响应。方东美与北京南下的学生代表段锡朋、周炳琳、陈宝锷接洽，参与发动了南京的五四运动。1919 年 11 月初，方东美加入“少年中国学会”，为南京的“少中”分会发起人之一。

1921 年 8 月，方东美被金陵大学推荐到美国威斯康辛大学求学，师从知名教授麦奇威，后又追随黑格尔哲学研究专家雷敦教授，专修黑格尔哲学。1924 年夏，方东美以论文《英国与美国唯实主义的比较研究》获得博士学位归国。1925 年，方东美在国立东南大学任哲学教授，1929 年以哲学教授身份兼任中央大学哲学系主任。方东美教授西方哲学，为学生开设“科学哲学与人生”“西洋哲学史”等课，他上课时从不带讲稿提纲，每次讲完都是一篇逻辑严密的文章。

南京沦陷前，方东美随中央大学迁到四川重庆沙坪坝。抗战胜利后，方东美返回南京，仍在中央大学任哲学教授兼哲学系主任，直至迁居台北；1948年9月，任台湾大学哲学教授兼哲学系主任。1977年7月，病逝于台北邮政医院。遗体火化后，骨灰撒于金门海域。

方东美毕生致力于学术事业，圆融佛儒道，会通中西哲学与文化，建构了以生命为本体、统摄万有、兼容并包的宏大精深的哲学体系，达到了前人未有的理论高度。其哲学思想在世界哲学中占有重要地位，改变了西方人对中国哲学的偏见，引起了西方学界对中国哲学的重视。

高一涵旧居位于南京市鼓楼区莫干路 3 号。

该旧居建于1935年，占地面积745.73平方米，建有西式主楼1幢、西式平房2幢和车库2间，建筑面积305.7平方米。主楼坐北朝南，高二层，带壁炉，建筑面积230.9平方米。北侧平房通过联廊连接主楼，为仿青砖外墙，人字坡顶。1968年至1979年间，高一涵夫妇相继逝世，由其子女继承其遗产。1987年，高一涵子女将此房出售。目前建筑保护较好。

高一涵（1885—1968），原名高水浩，安徽六安人。1912年自费赴日本入明治大学政法系留学，1916 年毕业回国，并与李大钊创办《晨报》。他在结识章士钊后，成为《甲寅》杂志重要撰稿人之一，被称为“甲寅派”作家。

1918年，高一涵在北京大学工作期间，曾为陈独秀主编的《新青年》撰稿，成为《新青年》的“二把手”，并协办《每周评论》，成为科学与民主理念最为积极的宣传者之一。 经李大钊、高语罕介绍，高一涵于1926年加入中国共产党。四一二政变之后，高一涵脱离中共组织，任上海法政大学和吴淞中国公学教授、社会科学院院长。从1931年开始，高一涵开始漫长的宦海生涯。从1931年2月16日到1936年4月20日，高一涵是南京国民政府监察院首批监察委员。他任监察委员期间，于1932年9月和杭立武等45位政治学者,发起成立中国政治学会，高一涵等11人成为首届干事会成员。在1935年6月召开中国政治学会第一届年会上，高一涵等11人得以连任。1935年后，他先后被任命为监察院湖南湖北监察区监察使和甘肃宁夏青海监察区监察使，1947 年3月，重新成为湖南湖北监察区监察使。

高一涵
旧居

中国人民解放军即将渡江解放南京前夕，国民党政府委托高一涵为国民政府考试院委员，拟使其与国民政府一道迁往台湾。此时国共内战结局已定，高一涵坚辞未就，隐居南京并与中共秘密联系，为迎接南京解放做了不少工作。南京解放后，高一涵先后任南京大学教授、政治系主任、法学院院长及江苏省司法厅厅长、省政协副主席、省民盟副主委和全国政协委员等职，1952 年南大院系调整后被调离岗位。1968 年，高一涵病逝，安葬于南京雨花台公墓。他在政治学领域留下了《政治学纲要》《欧洲政治思想史》《中国御史制度的沿革》以及译著《杜威的实用主义》《杜威哲学》等，为学界所重。

亚明旧居

亚明旧居位于南京市鼓楼区天目路 32 号。

这幢建筑原为国民政府监察委员李世军为其妻所置，建于 1946 年，院落占地面积 900 平方米，有砖木结构的西式楼房 1 幢、平房数间及门楼、鱼池等附属物。主楼坐北朝南，高二层，米黄色外墙，木制门窗，建筑面积 252.7 平方米。院中一拱门连接后院，院门外门楼顶为琉璃瓦造型，类似飞天，别具一格。1982 年，亚明购为自居。左门东侧墙砖上刻有亚明手书的“悟园”两字，房内悬挂亚明手书的“沙砚居”匾，现为亚明后人居住。

亚明（1924—2002），原名叶家炳，安徽合肥人。1939年参加新四军，1941年毕业于淮南艺术专门学校，1943 年加入中国共产党，曾任新四军第七师文工团美术股副股长、华东画报社美术记者，在工作中逐渐掌握了绘画技术。1953 年改画国画，专攻人物，并分配在江苏省文联筹委会负责美术工作，后历任江苏省国画院副院长、南京大学教授、中国文联委员、中国美术家协会常务理事、美协江苏分会主席等职。1956 年，国务会议批准在北京、上海两地建立中国画院，亚明负责江苏省国画院的筹备工作。自此，江苏新国画创作在中国美术界异军突起，创作了一大批富有时代气息的优秀作品。1960 年，经亚明组织、由傅抱石领队的江苏国画院一行 13 人，开始了在现代美术史有深远影响的二万三千里的旅行写生，实现了中国传统山水画在思想上、笔墨上的一次历史性变革，在美术界产生了很大影响，形成了“新金陵画派”，亚明因此也成为“新金陵画派”的推动者和组织者。通过这次写生活动，亚明感到借人抒情不如借景写心，于是转画山水，创作的《三峡灯火》《华岳一奇峰》《华山》等早期山水画的影响虽不如傅抱石、钱松喦，却表现了一种新的时代气息。“文革”中，亚明作为江苏美术界的头号人物，身陷囹圄 5 年。由于他有革命经历，使他成为第一批获得“解放”的画家。

20 世纪 70 年代后期，亚明开始以古代诗词名篇为题的山水画创作，为“文革”后期的山水画注入了一股新鲜空气。到 80 年代，亚明的艺术创作进入高峰期，1984 年创作的《孟良崮》入选第六届全国美展，1989 年创作的《海风》入选第七届全国美展，1995 年创作了《南京大屠杀》，是他对 50 年前抗日生涯的回顾主题性创作，另一代表作《长江万里图卷》，以精心的构思、宏大的篇幅和细致的刻画、独到的笔墨，成为他一生高峰期的经典之作。

亚明的作品出版有《亚明作品选集》《三湘四水集》《亚明新作选集》等。

汪精卫公馆旧址位于南京市鼓楼区颐和路8号和颐和路38号。

颐和路8号占地2441平方米，建筑面积881平方米，主建筑坐北朝南，钢筋混凝土结构，绿色釉华瓦屋脊，黑色筒瓦屋面，为中西合璧式二层楼房，钢门钢窗，装潢精雅，二楼露天阳台宽敞如坪，色彩协调，雍容华贵，另有西式平房、门房、厨房、车房等附属建筑。该建筑原为汪伪中央储备银行董事长王彬梅所建，后赠送汪精卫而成为其公馆。抗战胜利后，该处作为“逆产”被国民政府没收并拨给阎锡山居住。目前，该处被列为江苏省文物保护单位，由东部战区老干部活动中心使用。

颐和路 38 号原为大汉奸褚民谊于 1936 年 10 月所建，院落占地面积 1543 平方米，建筑面积 1218.2 平方米。1940 年，褚民谊将此处所送给汪精卫，同年 11 月，汪精卫入住其中。这是一幢三层西式楼房，方形为主，钢筋混凝土结构，一楼为会议室、办公室，二楼两侧为卧室，中间为会议室，三楼为子女卧室，另建有西式平房、车库、门卫等 13 间，公馆内设施齐全，装饰华丽，设备考究。现为南京军区使用，房屋保护很好。1992 年，颐和路 38 号汪精卫公馆旧址被列为南京市文物保护单位。

汪精卫(1883—1944)，原名兆铭，字季新，又字季恂、季辛，号精卫，以号行世，是中国现代史上声名显赫的人物，又是一个臭名昭著的大汉奸。汪氏祖籍浙江山阴（今浙江绍兴），1883年5月4日出生于广东番禺。汪氏幼时入私塾就读，1898年考入广州学堂，1902年以第一名考中举人。1904年9月，汪精卫考上官费生，留学日本，入东京政法专门学校就读。孙中山领导的同盟会成立时，汪精卫为同盟会总会评议员，曾任同盟会机关报《民报》主撰稿人，宣传反清革命，并因才而深得孙中山器重。

早年，汪精卫是个风流倜傥的才子，也是一条硬汉。为反清革命，他舍生忘死，前往北京刺杀摄政王载沣，不料事泄入狱。汪精卫被捕后，自知必死无疑，在狱中写下了《被逮口占》4 首，其中一首云：“慷慨歌燕市，从容作楚囚；引刀成一快，不负少年头。”另又写下了“一死心期殊未了，此头须向国门悬”的豪言壮语，被传颂一时。

同盟会成立后，反清革命派在与康有为、梁启超为首的保皇派论战中，汪精卫以犀利的笔锋令梁启超也惧怕三分，其出色的才干被称为孙中山的“如身之臂”。1925 年 3 月，孙中山在北平病危之际，汪精卫侍侧襄理诸事，成为孙中山的代言人，同时还代孙中山起草了“临终遗嘱”。7 月，汪精卫被推举为国民政府常务委员会主席兼军事委员会主席。此后的 10 余年间，汪精卫一直和民国新贵蒋介石暗地斗法，几度沉浮。在日本帝国主义的扶持下，汪精卫于 1940 年 3 月 30 日在南京建立傀儡政权，出任伪国民政府代主席兼行政院长。1944 年 3 月，汪精卫 9 年前遇刺时留在体内的一颗子弹导致后遗症发作。原来，1935 年 11 月 1 日上午，国民党四届六中全会开幕式结束后，100 多名中央委员陆续走出礼堂到中央政治会议厅门前分 5 排站立，等候摄影，汪精卫在第一排中间。拍照完毕，爱国志士、晨光通讯社记者孙凤鸣从半圆形的记者群中闪出，以迅雷不及掩耳之势掏出手枪，高呼“打倒卖国贼”，向第一排中间正欲转身的汪精卫连开 3 枪，枪枪命中，最后一枪虽未致命，但这颗子弹始终没有取出。因汪的卫士还击，孙凤鸣胸中两弹，击中要害，于翌日凌晨在医院去世。由于孙凤鸣当年刺杀汪精卫时留在其体内的子弹发挥了“余威”，汪精卫不得不东渡日本接受治疗，无奈病入膏肓，61 岁的汪精卫遂于是年 11 月 10 日在日本名古屋帝国大学医院不治身亡。

汪精卫公馆旧址

钱天鹤旧居

钱天鹤旧居位于南京市鼓楼区武夷路22号。

该建筑建于民国，具体年代不详。从有限的资料中发现，原产权人李葆真，毕业于金陵女子大学。1937年，李葆真到新加坡某报社做翻译和记者，先后翻译了一批世界名著，采访过郁达夫等著名文人，抗战后回上海直到1949年离开。据此推算，此建筑建于1946至1949年间，或李葆真在这期间购买的。其院落占地面积600平方米，建有砖木结构的西式楼房1幢、平房2幢。主楼坐东面西，高二层加小阁楼，水泥外墙，钢质门窗，一楼南侧为内廊，二、三楼两侧均为阳台，建筑面积220平方米。1949年，钱天鹤以其妻钱项浩名义购买并登记，现剩主楼，由其后人居住。

钱天鹤(1893-1972)，字安涛，余杭(今浙江杭州)人。1913年毕业于北京清华学校高等科，同年入美国康奈尔大学农学院就读并获农学硕士学位，1919年回国任金陵大学农科教授兼蚕桑系主任,主讲农林科的作物学、育种学、园艺学等课。他学识渊博,循循善诱，处事公正，要求严格，人称其为“方正先生”。1925年，钱天鹤任浙江公立农业专门学校(浙江农业大学前身)校长，两年后任南京国民政府大学院社会教育组第一股股长。1929年，国民政府大学院改为教育部，钱天鹤任社会教育司第一科科长，同年调任中央研究院自然历史博物馆筹备处常务委员并主持工作。1930年，自然历史博物馆正式成立，钱天鹤为主任。同年，受浙江省政府主席张静江之聘，钱天鹤任浙江省建设厅农林局局长。1931年，国民政府实业部决定筹建中央农业研究所，钱天鹤辞去农林局长，转任中央农业实验所筹备委员会副主任。1932年，中央农业研究所成立，并易名中央农业实验所，这是一所全国性的现代农业科学技术综合研究机构。

抗战全面爆发后，中央农业实验所撤至长沙。1938年，国民政府调整机构，实业部改组为经济部，钱天鹤任经济部农林司司长，中央农业实验所也由长沙迁往重庆。1940年7月，国民政府成立农林部，钱天鹤为常务次长，直到1947年任联合国粮农组织远东区顾问。钱天鹤于1949年去台湾，1952年任台湾农复会委员，主持农复会金门、马祖“岛外补助计划审议小组”，1969年退休。美国国际合作总署驻台分署及台湾农复会曾联合赠送奖状彰其功绩，1972年去世。1973年和1982年在台北和金门分设“钱天鹤先生奖学金”，用以培养农业技术人才。

梁寒操旧居位于南京市鼓楼区西康路 39 号。

该建筑建于 1946 年，是梁寒操以其妻黎剑虹之名购建。院落占地面积 895.8 平方米，建有砖木结构的西式楼房和平房各 1 幢，建筑面积 332.64 平方米。主楼坐北朝南，假三层，黄色拉毛外墙，坡顶红瓦带壁炉，南侧一楼为外廊，木制门窗；东面为突出门楼，门窗为拱形，东门与西门为通道并直通后院，主楼南侧、东南侧、西北侧均有平房，约10间，全部为黄色外墙。

梁寒操
旧居

1898 年 6 月 12 日，梁寒操出生于广东省三水县西南镇，原名翰藻，号君默（时用均默），“寒操”是他从政后用的名字。他自小聪明好学，有“才子”之称，4 岁从父认字，6 岁能代人写春联、招牌，12 岁考入肇庆府中学堂就读，每试名列榜首。16 岁时父去世，后赴江门明德小学当教员。1916 年加入中华革命党，1918 年进广东高等师范学校（中山大学）、上海沪江大学读书，1923 年毕业后任广州培正中学教员，同年加入国民党。国民党第一次全国代表大会后，孙中山到广东省高等师范学校礼堂作三民主义演讲，梁寒操每周必回“高师”亲聆恭听。1924 年夏，梁寒操任广州市第四区党部第二分部常务委员，旋受广州市市长兼广州市特别市党部主任孙科之邀出任广州市特别市党部青年部干事。以后，梁寒操成为孙科知己，成为“太子派”的中坚人物。1925 年 6 月，梁寒操受汪精卫的邀请任国民政府秘书，“梁寒操”之名亦于此时开始启用。汪精卫后又推荐梁寒操为国民党中央党部秘书，还兼任中央宣传员养成所、国民大学、广州法政学校、广东高等警官学校等大专学校的讲师。1931 年 11 月，国民党第四次全国代表大会召开，梁寒操当选为候补中央执行委员。12 月 22 日，在国民党四届一中全会上，梁寒操当选为国民党中央执行委员会、中央监察委员会委员兼秘书，后又当选为中央政治委员会委员、三民主义青年团中央常务干事。期间，孙科出任南京国民政府立法院院长，梁寒操又应邀担任立法委员兼立法院秘书长。在国民党五届三中全会上，梁寒操、宋庆龄、何香凝、孙科、冯玉祥等 13 人联名提出《恢复孙中山先生手订联俄、联共、扶助农工三大政策案》，力促国民党转变立场，重建国共合作、共同抗日的提案。1938 年，梁寒操被蒋介石任命为军事委员会桂林行营政治部中将主任，仍兼立法院秘书长，1939 年出版《三民主义理论之探讨》《总理学说之研究》单行本，因而被称为“三民主义理论专家”。翌年，桂林行营改组为行辕，梁寒操辞去桂林行营政治部中将主任职务。1942 年、1943 年，梁寒操两次出使新疆，劝服“新疆王”盛世才归属中央，共同御侮，并借机宣扬三民主义，还在迪化（乌鲁木齐）的第一次国父纪念周上演讲三民主义。期间，梁寒操写成《驴德颂》而名噪一时，1943 年任中央宣传部部长。1945 年 5 月 5 日，国民党在重庆召开第六次全国代表大会，梁寒操当选为中央执行委员会委员、常务委员兼国民政府国防委员会副秘书长，国民党六届二中全会、六届四中全会均当选为中央执行委员会常务委员兼国民党中央理论研究会主任委员。1947年秋，梁寒操携黎剑虹离开南京到台湾。1949年7月，梁寒操从台湾回到广州，旋又离开广州赴香港，在新亚书院和培正中学教书。

1954 年 5 月，梁寒操奉蒋介石之召赴台。1975 年 2 月逝于台北。

王世杰
旧居

王世杰旧居位于南京市鼓楼区傅厚岗32号。

该旧居建于 1934 年，原为首都警察厅厅长陈焯以其妻张韵之名购建，后为王世杰所居。占地面积 3123 平方米。主楼三层，另有地下室，房屋 16 间，坐北朝南，西式风格，砖木结构，米黄色拉毛外墙，红瓦坡顶，老虎窗采光，内有壁炉，大门呈拱形，另有西式平房 1 幢 3 间，建筑面积 537 平方米。楼门前有椭圆形约 60 平方米的大鱼池一座。院广宅大，气派非凡，院内植有竹子、雪松、桂花、广玉兰等花草。2006 年，该建筑被列为南京市文物保护单位。

王世杰（1891—1981），字雪艇，湖北崇阳人。幼读私塾，辛亥革命时任武昌都督府秘书，1913年赴英、法留学，1917年获英国伦敦大学政治经济学学士，1920 年又获法国巴黎大学法学研究所法学博士。回国后任教于北京大学，任北大法学教授，后任法律系主任。1923 年，王世杰与石瑛等发起成立现代评论社。《现代评论》以王世杰为首，以北大的胡适、陶希圣、周鲠生、石瑛、王星拱、皮宗石、丁西林等 40 多名教授为骨干，几乎囊括了当时著名学者，因他们大都住在吉祥胡同，故被称为“吉祥派”。《现代评论》为传播马列主义、宣扬民主科学思想、针砭时弊、倡导新政起到了积极作用，是当时最有影响的刊物之一。1927 年 4 月 18 日，国民政府奠都南京，王世杰被任命为立法委员和首任法制局局长兼海牙国际仲裁所裁判官。1929 年 2 月，原武昌高等师范学校改组为国立武汉大学，王世杰为首任国立武大校长。

蒋介石坐镇武昌、南昌，指挥对红军第三、四次“围剿”期间，每周邀王世杰为他讲学一天，为王世杰广博的知识和精辟的见解所动，遂吸收王世杰为咨询智囊，他的不少政见被蒋介石重视和接受。1933 年 4 月，王世杰出任国民政府教育部长，此后步入人生最辉煌的时期。蒋介石于 1938 年设立军事参事室，王世杰为参事室主任。1938 年 7 月，蒋介石派王世杰组建中央党政训练班，简称中央训练团，蒋介石任团长，王世杰任总教官。抗战时期，王世杰两度兼任国民党中央宣传部长，一度兼任中央设计局首任秘书长。蒋介石和宋美龄到埃及开罗参加美、中、苏最高领导人会议时，蒋介石指派王世杰以外交官的身份陪同。1945 年 8 月，王世杰任国民政府外交部长，后根据蒋介石的授意，签署《中苏友好同盟条约》《中美通商航海条约》，他也是 1945 年《双十协定》的签字人之一。

1949年初，蒋介石宣布下野后，王世杰亦辞去政务委员及外交部长，后随同蒋介石赴台。1981年，王世杰在台北荣民总医院逝世，享年90岁，墓碑上刻有“前国立武汉大学校长王雪艇之墓”字样。

柳克述旧居位于南京市鼓楼区北京西路 39 号。

该旧居建于 1945 年抗战胜利后，是柳克述以其妻周萌珍之名所建，有西式主楼 1 幢及平房数间，占地面积 690 平方米。主楼坐南朝北，银灰色水泥外墙，坡顶青瓦，假三层，木制门窗，北侧二楼带半圆形露天小阳台，建筑面积 280 平方米，目前仅剩主楼 1 幢。

柳克述（1904—1987），字剑霞，湖南长沙人。1919年春，柳克述考入长沙长郡中学，五四运动时，参加湖南学生自发组织的“救国十人团”，与同伴贴标语、作演讲等；1922 年考入唐山交通大学，后转入上海交通大学土木系，旋又改入北京大学政治系，不久加入国民党，开始研究孙中山的革命理论。

1926 年 8 月，国民革命军北伐。柳克述基于民族意识，撰写《新土耳其》一书出版，在社会上引起轰动，得到蒋介石的赏识，遂被聘为黄埔军校上校政治教官。此后，他先到英国伦敦大学研究政治学1年，出版《英国地方政府》《英国文官制度》等专著，后又赴欧洲大陆考察各国政治制度，相继撰写了英、法、德、意等考察报告及《欧洲教育之观感》，回国后升任军事委员会委员长武汉（驻宜昌）行营第二处少将处长、军事委员会委员长广州行营第二厅副厅长、军事委员会总政治部秘书长等职。

抗战期间，柳克述出任湖北省政府委员兼秘书长。1940 年，陈诚兼任第六战区司令长官，柳克述为第六战区长官部中将政治部主任。不久，陈诚出任中国远征军司令长官，柳克述改任秘书长。1943 年，柳克述当选为立法委员。在国民党六大上，他被选为中央执行委员会常务委员、国防最高委员会委员、中央政治委员会委员；在国民党六届三中全会上，又被选为中央执行委员会常务委员；1949 年，任东南行政长官公署政务委员。

1949年底，柳克述去台湾。1987 年病逝，终年83岁。

柳克述
旧居

徐国镇旧居

徐国镇旧居位于南京市鼓楼区北京西路36号。

该旧居建于1936年，占地面积792.2平方米，建有砖木结构的西式楼房1幢、平房5幢，主楼占地面积307平方米，建筑面积525.9平方米，坐北朝南，高二层，南北均设门廊，中间为通道，平面呈“7”字型。目前只剩主楼和平房各1幢。

徐国镇，字公辅，生于1892年，江苏仪征人。他早年相继考上北京清河陆军第一预备学校、保定陆军军官学校第三期步科、陆军大学第六期，毕业后到江苏陆军第1师任职，历任排长、连长、营长、参谋、陆军部军务署参谋官、陆军大学上校战术教官。1928年3月任黄埔陆军军官学校第六期训练部少将副主任，同年任第七期少将教育处长，1933年7月12日任训练总监部中将步兵监，同年7月27日兼任军事委员会训练事务处处长，1938年2月调任军事委员会军事训练部总务厅厅长及主任参事，1939年12月任国民政府军事委员会军事训练部校阅委员会委员兼任办公室主任，1940年10月任军事训练部校阅委员会委员兼第一校阅组主任，负责西北方面军事学校校阅事宜，1941年升任军训部中将步兵监。1944年1月18日，在重庆寓所被害身亡，终年52岁，生前著有《军事教育纲要》等。

端木恺旧居位于南京市鼓楼区北京西路 52 号。

该旧居建于 1935 年，是端木恺任律师时所建，占地面积 766 平方米，建有砖木结构西班牙风格楼房 1 幢和平房数间，建筑面积 352 平方米。主楼坐北朝南，假三层，水泥拉毛外墙，青瓦坡顶，一楼南侧内廊，三楼带露天阳台，拱形窗框，建筑面积 310 平方米。目前仅剩主楼 1 幢，房屋保护较好。

端木恺，亦名端木铁恺，生于 1903 年，别号铸秋，安徽当涂人。其父端木璜生是同盟会会员、国民党早期党员，追随孙中山革命，陆军少将。端木恺自幼聪明过人，毕业于上海复旦大学政治系、东吴大学法科，后留学美国并获纽约大学法理学博士。回国后，先后任安徽大学法学院教授、复旦大学法学院院长及中央大学、东吴大学教授等。1934 年任国民政府行政院参事，1934 年任行政院政务处参事，抗战开始后任安徽省民政厅厅长，1938 年随国民政府赴汉口仍任行政院参事，1941 年任行政院会计长，1942 年后任国家总动员会议副秘书长、代理秘书长，1945 年 4 月任第四届国民参政会参政员，1946 年 8 月至 1947 年 10 月，任行政院粮食部政务次长。1946 年 11 月，以国大代表身份出席制宪国民大会，旋即因政见和派系斗争而辞职移住上海，开办端木恺律师事务所。1947 年 12 月复出并任立法院立法委员，1948 年 7 月任司法院秘书长，同年 12 月转任行政院秘书长，1949 年任孙科内阁秘书长。1949 年 4 月携家迁台湾，于1987年5月30日在台北逝世，享年84岁，著有《社会科学入门》《社会科学大纲》等。

端木恺
旧居

该旧居建于1937年前，占地面积700平方米，建有西式风格的主楼1幢、附属小楼1幢、平方3幢，建筑面积326.8平方米，户名登记人张仲鲁。主楼坐北朝南，高二层，青砖外墙，坡顶红瓦，建筑面积206.4平方米。新中国成立后，该建筑先由政府代管，1951年7月发还原业主，因张广舆不在南京而委托房产公司带卖，1953年1月由江苏省委购买。目前，只剩主楼、平方各一幢，保护一般。

张广舆（1895—1968），字仲鲁，河南巩义人。1916年毕业于清华留美预备学校。1917 年公费留学美国，相继获密苏里矿物大学采矿工程学学士学位、哥伦比亚大学工学硕士学位，1922 年发起组织以留美学生为主体的“河南矿学会”。1923年回国，任焦作福中矿物大学（今河南理工大学）校长，1927年 3 月至 1928 年 8 月任河南中山大学（今河南大学）教务长，1928 年 9 月至 1930 年 5 月改任清华大学秘书长，1930 年 6月任河南中山大学校长，同年 8 月，经国民政府教育部备案批复，河南中山大学改称河南大学。不久，中原大战爆发，张广舆被免去校长而改任省政府参议，次年复任焦作工学院院长，1932年任国立中央大学总务长。1933 年 8 月，再次任河南大学校长，不惜重金聘请著名专家学者到河大任教。1934 年 8 月改任河南省政府委员，次年出任国立广州中山大学总务长，1939 年至 1943 年任河南省建设厅厅长，1943 年 6 月任中原煤矿公司董事长。

张广舆第三次担任国立河南大学校长是 1944 年 10 月，河大此时正处于极其困难的流亡时期。张广舆上任后，亲自到重庆各处募款以解决教职工的燃眉之急，并对校内中共地下党的活动尽量给予掩护。1945 年 6 月，张广舆投奔中原解放区，后受中共中央中原局委派赴武汉城市工作站，促成国民党河南省政府主席张轸率部起义。新中国成立后，他历任燃料工业部计划司副司长、国家煤矿管理局副局长、河南省交通厅长、第一届河南省政协副主席、第二届全国政协委员等职；1957 年被错划为“右派”，“文革”时又被批斗，1968 年 10 月在开封含冤去世，终年 73 岁。中共十一届三中全会后，张广舆的冤案得到昭雪。1979 年 7 月 5 日，中共河南省委、省政府、省政协联合为张广舆举行了追悼会。

张广舆旧居

张广舆旧居位于南京市鼓楼区颐和路 5 号 -1。

该旧居建于1937年前，院落占地面积945平方米，建有砖木结构的西式主楼房1幢、附属楼房2幢，建筑面积462.7平方米。主楼坐北朝南，风格独特，假三层，米黄色外墙，尖顶青瓦，老虎窗壁炉，主楼东北面为突出半圆形，上带露天阳台，西南侧也是半圆形，上带露天半圆形阳台。原产权人蔡吉卿，后卖给岑德广。岑德广为汪伪政府要员，抗战胜利后该房产被没收，改由刘士毅居住。

刘士毅（1886—1982），字任夫，江西南昌人。他从小失去父亲，由寡母抚养成人，先入南康府中等学堂，后考入江西高等实业学堂农林科就读。

清末，刘士毅考入保定速成军官学校炮兵科，1907年结业后在江西巡抚胡廷赣编练的江西新军混成协53标任排长。由于他熟读兵书，训练有法，被标统马毓宝誉为“排长之楷模”。1912年，李烈钧任江西都督，刘士毅被委为临川知事。1913年7月，李烈钧在湖口讨伐袁世凯，刘士毅任第2师参谋长，兵败后化装逃往日本。1916年，刘士毅从日本回国，被黎元洪委为陆军部咨议官；同年10月，以官费留学生资格入日本东京士官军事学校。1919年，刘士毅学业期满回国。1922年，任赣西镇守使方本仁部参谋长，后到赣军第2旅旅长赖世璜部任旅参谋长。

北伐战争开始后，刘士毅和赖世璜致电广州请求收编，赖任国民革命军第14军军长，刘士毅为参谋长。次年，赖世璜被白崇禧杀害，第14军被桂系控制，刘士毅接任军长。1927年，白崇禧任中央陆军军官学校校长，调刘士毅任教育长。1928年，蒋介石兼任中央陆军军官学校校长，刘士毅被改任独立第7师师长。此时，刘士毅率部参加“围剿”井冈山革命根据地，屡被红军打败。次年冬，独立第7师改编为15旅，划归熊式辉第5师，刘士毅为该师副师长兼第15旅旅长，调防上海松江。1930年，国民党元老居正到松江策动刘士毅倒蒋。失败后，刘士毅再次逃往日本，后任广西军事政治学校副校长兼教育长。

卢沟桥事变后，刘士毅调任第31军军长，奉命驻守苏北海州。翌年春，刘士毅率第31军驻防山东台儿庄。在台儿庄战役中，刘率部与日军激战4天4夜，部队伤亡很大。1939年，白崇禧任国民政府军训部部长，刘士毅任军训部政务次长。抗战胜利后，白崇禧升任国防部长，刘士毅任国防部次长，因白崇禧兼任“华中剿总”总司令常驻武汉，他代行国防部日常事务。

1949年1月，李宗仁代理总统，刘士毅任总统府参军长，并被授予陆军中将加上将衔。1949年4月23日，他随同李宗仁乘飞机离开南京，先到桂林，再转广州，旋于7月飞往台北。1982年10月逝于台北。

刘士毅旧居

刘士毅旧居位于南京市鼓楼区珞珈路21号。

该旧居建于1936年，院落占地面积824.46平方米，建有砖木结构西式楼房2幢，外称“AB”楼，原产权人霍季郇，安徽合肥人，留学于德国。抗战胜利后，国民政府还都南京，此楼拨给时任社会部常务次长的黄伯度居住。A楼坐北朝南，假三层，青砖外墙，坡顶青瓦，南侧一楼中部为大门，楼上有阳台，建筑面积360平方米。B楼坐东面西，高二层，青砖及水磨沙外墙，坡顶青瓦，南北侧小门廊上带露天阳台，建筑面积260平方米。目前仅剩2幢楼房即AB楼，保护较好。

黄伯度生于1891年，安徽舒城人，日本早稻田大学毕业。早年加入同盟会，曾任太湖、贵池两县知事。1936年，许世英任驻日本大使时，黄伯度任一等秘书，后曾参与德国驻华大使陶德曼调停中日冲突的外交活动。1938年回国后任赈济委员会委员长，1940年调任社会部常务次长，1949年去台。1970年10月25日病逝。黄伯度生前一度介入“孙立人兵变案”。当时，同为安徽人的孙立人将军，生性刚正弘毅，因此得罪了不少同侪。蒋介石为将其军权收回，授意其下属蓄意制造所谓的“孙立人兵变案”，逼迫孙立人写辞呈。黄伯度威逼说如果他不签字，将危及他部下300人的生命。孙立人只得牺牲自己。孙立人1990年病逝于台中寓所，享年89岁；黄伯度也因“孙案”而被同乡所诟。

黄伯度旧居

黄伯度旧居位于南京市鼓楼区宁海路29号。

张雪中旧居位于南京市鼓楼区宁海路 12 号。

该旧居建于 1937 年 5 月，院落占地面积 981 平方米，主楼建筑面积 260 平方米，原产权人顾兆麓。抗战胜利后，张雪中在此居住。主楼坐北朝南，高二层，水泥外墙，坡顶青瓦，木制门窗，南侧一楼正中为门廊，上带露天阳台，西北侧一楼带内廊。目前只剩主楼，房屋保护一般。

张雪中生于 1899 年，原名张达，字通明，江西乐平人。1922 年，张雪中在江西省立南昌第一中学毕业，后考入南昌心远大学，不久转入上海大陆大学商科。1924 年 5 月考入黄埔军校第一期，同年 11 月底毕业后任教导第 1 团（团长何应钦）少尉排长，相继参加第一次东征、平定广州叛乱及第二次东征战役。

1927 年，黄埔军校迁到南京成立中央陆军军官学校，张雪中调任军校杭州预科大队上校大队长，后来武汉成立分校，他又被任为分校第一大队长，1932 年升任 89 师 265 旅少将旅长，1933 年任江西保安第2师少将师长。

张雪中旧居

抗战全面爆发后，张雪中任 13 军参谋长并主持部署南口战役，阻击日军第 5、第 10、第 20 师团及酒井兵团等精锐部队。台儿庄战役中，张雪中任 89 师中将师长，奉命率部驰援，对日军实施侧击，同时迅速完成对日军的反包围，激战 9 天，毙敌万余人，日军精锐板垣第 5 师团和矶谷第 10 师团全线溃退，取得了台儿庄大捷。台湾历史学家黎东方在评论台儿庄战役时指出：“将来历史家一定会把当时的三位师长，马法五、刘振三与张雪中，两位旅长，侯泉麟与石觉，大书特书。这五位将军都做了绝对对得起列祖列宗的事。”

1938 年，张雪中率部参加武汉会战。在 1939 年 5 月随枣会战中，张雪中率部在随县官王庙、青苔镇、万家店一线同日军浴血搏战，部队伤亡达 2000 余人。是年秋，张雪中升任 13 军中将军长，后率部参加枣宜会战、豫南会战。1942 年任 31 集团军中将副总司令，翌年任第一战区政治部中将主任。1944 年底，国民政府战时首都重庆陷于危急，张雪中奉命率 13 军抵贵阳组织黔、桂、湘边区司令部，协调各部队抗击日军。此后，张雪中改任第 2 兵团总司令指挥对日军作战，并亲赴都匀前线指挥拒敌，最终击溃日军，使重庆转危为安。由于战功卓越，获得一枚青天白日勋章和美国政府授予的自由勋章。

1946 年，张雪中任第 19 集团军总司令，后又兼任淮海绥靖区司令官，在与解放军作战中屡战屡败，被蒋介石斥为“无胆无识、早该引退”，1949 年改任福州绥靖公署副主任，同年 8 月率部撤至台湾，1959 年正式退役后开办农场和实业公司，1995 年 6 月在台北去世，终年 96 岁。

冷欣旧居

冷欣旧居位于南京市鼓楼区西康路58号。

该旧居建于1937年前，院落占地面积1200平方米，有砖木结构的西式楼房1幢、平房2幢，建筑面积500平方米。主楼坐北朝南，高三层，黄色拉毛外墙，坡顶青瓦，木制门窗。原产权人姓嵇。抗战胜利后，该房产被国民政府高等法院查封，改由陆军参谋长冷欣使用。目前该处现有主楼1幢、平房2幢。

冷欣（1900—1987），字容庵，江苏兴化人。1924年考入黄埔军校第一期，曾参加第一次东征和讨伐陈炯明的战役。

1926年，冷欣任“孙文主义学会”执行委员，后任海军中山舰党代表。1926年4月21日，“孙文主义学会”解散并入黄埔同学会。同年7月，国民革命军北伐，冷欣任东路军第三路指挥部政治训练部主任，1927年1刀兼任新编第1军政治部主任，3月又出任淞沪警察厅政治部主任。1927年4月后，冷欣兼任国民党中央“清党委员会”委员、“清党委员会”情报处长，后又兼任上海特别市党部指导员、常务委员、组织部长、训练部长、上海市党部“清党委员会”常务委员兼审查处长等职。蒋介石宣布下野时，淞沪警察厅随之改制，冷欣被免去警察厅政治部主任职务，专任国民党党务工作。

1928年1月，蒋介石重新上台，宣布二次北伐。3月，冷欣兼任第1集团军第4军政治部主任。北伐完成后，冷欣解除军职，回任上海及江苏国民党党务工作。1929年，冷欣任教导第1师政治训练处主任。1930年4月，冷欣任军政部参事兼任武汉行营参议、豫南行政委员。1933年，冷欣调任第89师副师长，又转任第4师副师长，旋升师长。冷欣任第10纵队参谋长，参与对红军的第五次“围剿”。1936年2月7日晋升为陆军少将。

全面抗战开始后，冷欣任第3预备师师长。1938年4月，第3预备师奉命改为陆军52师，冷欣仍任师长。是年，参加武汉会战。在“星子血战”中，冷欣组织敢死队并自任队长，夜袭日军据点，击毙敌大队长岗崎太郎以下数十人，收复桥头堡。同年10月，冷欣调任军政部第22补充兵训练处处长，驻浙江省江山县。1939年1月1日，他因与顾祝同是同乡而调任江苏省政府委员兼江南行署主任，在江南地区代行省政府职权，兼任江南挺进第二纵队司令、江南攻击军左路军指挥官、江南野战军指挥官。同年夏，第三战区成立第二游击区，顾祝同兼任司令，冷欣任第一副总指挥，负责实际指挥。1940 年，冷欣任第三战区第二游击区总指挥，8 月，兼任陆军第 60 师师长。

1944 年，冷欣出任中国陆军总部军务处处长。中国战区中国陆军总司令部在昆明成立时，冷欣任中将副参谋长。1945 年 8 月 15 日，日军投降，冷欣参与受降事宜。1945 年 9 月 9 日 9 时受降典礼完成后，冷欣奉何应钦命，携带冈村宁次签字的降书，于当日中午飞往重庆，代表何应钦向蒋介石呈递。1946 年 5 月，冷欣任陆军总司令部副参谋长，不久兼任空军总司令部副参谋长、三民主义青年团南京支团监察。1947 年 8 月，冷欣任宪政实施促进委员会委员，同年兼任南京市党部监察委员会常务监察委员，同年冬任京沪警备总司令部副总司令。1949 年 1 月，任京沪杭警备总司令部副总司令，5 月前往台湾。1987 年逝于台北，享年 87 岁。

刘献捷旧居

刘献捷旧居位于南京市鼓楼区天目路 8 号。

该旧居建于 1946 年，是刘献捷以其女刘梦莲之名登记。院落占地面积 800 平方米，有砖木结构的西式楼房 1 幢、平房 3 幢、门卫 1 间，建筑面积 360 平方米，另有防空洞 1 座。主楼坐北朝南，高二层，青砖及黄色拉毛交错外墙，坡顶青瓦，一楼内廊，二楼带露天阳台，钢门窗。目前，房屋保护较好。

刘献捷生于 1904 年，河南巩县人。其父是国民党陆军二级上将刘镇华，其五叔是国民党中将、国民党河南省主席刘茂恩。他先后毕业于中央军校成都分校、陆军大学第十一期，后留学德国、奥地利，回国后历任陆军大学防空教官、第 64 师少将副师长等职，1937 年 5 月授陆军少将。1943 年，刘献捷接其父任 64 师少将师长。在洛阳保卫战时，他率 64 师与日军浴血奋战，在兵力不足、武器落后又无外援的情况下，死守洛阳 21 天。据《15 军守备洛阳作战概述》等记载，在保卫洛阳战斗中，共俘日军官 2 人，士兵 5 人，毙伤日军万余人，击毁日军战车 60 余辆。但 64 师伤亡也极其严重，伤亡、失踪官佐 530 余人，兵 1.3 万余人。

1946 年，刘献捷任 15 军副军长，1947 年 11 月任整编 15 师中将师长，1948 年 10 月任第 15 军中将军长。由于他对内战感到茫然，于是萌生退意，于 1948 年 12 月辞去 15 军军长职去台湾，1949 年移居美国，后曾在哥伦比亚大学任教。

余青松旧居

余青松旧居位于南京市鼓楼区赤壁路 10 号。

该旧居建于 1937 年前，是余青松任紫金山天文台台长期间建造。院落占地面积 924 平方米，有砖木结构西式楼房 1 幢、平房数幢，建筑面积 658.3 平方米。主楼坐北朝南，占地面积 170.98 平方米，建筑面积 453 平方米，高两层，加带尖顶阁楼，淡黄墙，土红窗格，土红瓦。新中国成立前，该处一度租给苏联大使馆使用，新中国成立后政府代管并租给南京师范学院使用，教育家陈鹤琴，心理学家高觉敷，油画家、美术教育家黄显之，古文学者段熙仲等都曾居住于此，目前仅剩 1 幢主楼。

余青松生于 1897 年，福建厦门人，1918 年毕业于清华学堂留美预备班，同年赴美国雷海大学土木建筑系学习，1921 年获学士学位。1922 年进入匹兹堡大学改攻天文学和数学，1923 年完成硕士论文《天鹅座 CG 星的光变曲线和轨道》使他在美国天文界初露头角，后又进入加利福尼亚大学进修并于 1925 年获哲学博士学位。1926 年，他因对恒星光谱和光谱分类方面的观测研究成果而赢得了国际性声誉，也因此成为被聘为英国皇家天文学会的第一位中国籍会员，并于同年在利克天文台获博士学位。1927年回国，任教于厦门大学，1929年任中央研究院天文研究所第二任所长，主持设计和创建紫金山天文台，于 1935 年竣工，是中国第一座现代化天文台。

1938 年，余青松几经辗转，将天文研究所迁移到昆明市东郊凤凰山，并将国立中央研究院天文研究所改名为凤凰山天文台。1947 年出国，先后在加拿大多伦多大学、美国哈佛大学天文台等处工作。1955 年任美国胡德学院教授兼该院威廉斯天文台台长，1967 年退休为名誉教授，1978 年 10 月 30 日病逝于美国马里兰州。

1986 年，为表彰余青松在天文学领域的重大贡献，美国哈佛－史密松天体物理天文台将该台发现的第 3797 号小行星命名为“余青松星”，以资纪念。

张道藩旧居

张道藩旧居位于南京市鼓楼区合群新村 6 号。

该建筑建于抗战以前，是一幢独立院落，位于上海路西侧坡上，西式风格，设计简明，砖混结构，地上三层，另有地下室一层，平顶，一楼有立柱和外置阳台，二楼则有露天阳台，建筑面积300平方米，院内有雪松、法国梧桐等树木，环境宜人。

张道藩（1897—1968），字卫之，原名张道隆，笔名余暇摩登夫，号思雪楼主人，祖籍南京，因祖上游宦贵州而落户盘县。他自幼发愤读书，刻苦努力。1916 年，张道藩得国会参议员五叔的资助到北京学习，同年 9 月考入天津南开中学。次年，因张勋复辟，国会随之解散，张道藩的五叔因失业无力资助他继续学习，张道藩不得已从南开辍学，后在族人的推荐下，前往绥远包头任烟酒专卖局当职员，工作之余自修英语。

1919 年 7 月，张道藩回南开中学继续学业。不久，吴稚晖到南开中学演讲，鼓励学生到法国勤工俭学。张道藩踊跃报名，校长张伯苓以其不会法语为由反对，但张道藩据理力争，张伯苓见其态度坚决，便同意其留学。张道藩途经英国因听说法国勤工俭学困难较多，于是改变计划留在英国读书。他先在曼彻斯特维多利亚公园学校补习半年英语，后考入伦敦克乃芬姆天主教学院学习绘画、音乐，期间结识在伦敦大学文学院读哲学的傅斯年以及国民党老党员刘纪文、邵元冲等人，并在刘纪文、邵元冲的引介下，于 1924 年冬加入国民党。

1926 年，张道藩回国，先在上海开办“人体美”专题讲演，后受广东农工厅厅长刘纪文之邀担任广东农工厅秘书，自此走上仕途。1928 年 3 月，经陈果夫、刘纪文推荐，张道藩担任国民党中央组织部秘书。同年 10 月，刘纪文任南京市长，张道藩兼任南京市政府秘书长。在国民党第三次全国代表大会上，张道藩当选为候补中央执行委员。不久，他辞职赴山东担任国立青岛大学教务长，后又转任浙江省教育厅厅长及国民党中央组织部副部长等职。

中国左翼作家联盟成立后，引起国民党当局的打压。为与中国左翼作家联盟抗衡，国民党作家于 1932 年 5 月在南京市中山北路华侨俱乐部成立中国文艺社，由叶楚伧任社长，张道藩等 7 人为理事。张道藩踏入文艺界后，先后组织公余联欢社话剧团、创办国立戏剧学校、发起成立“中华全国文艺界抗敌协会”等团体，担任或兼任教育部教科书编辑委员会主任委员、中央文化运动委员会主任委员、中央电影企业公司董事长、南京市文化信用合作社理事主席、中央训练团民间艺术训练班指导委员会主任委员，直到 1942 年出任国民党中央宣传部部长，翌年又调任国民党中央海外部部长。1946 年，张道藩拜齐白石为师，轰动了整个艺术界。为加强海外文化联络工作，他还于 1947 年组织成立了“国际文化合作协会”。

1949年，张道藩到台湾，仍积极活跃于文艺界。1968年6月，张道藩逝于台北，终年71岁。

PUBLIC
BUILDINGS
OF THE REPUBLIC
OF CHINA

鼓楼区

民国公共建筑

金陵大学旧址

教科文卫类

金陵大学旧址位于鼓楼区汉口路 22 号，是南京大学的前身之一。

金陵大学是美国教会在华最早开办的大学之一，创始于 1888 年，正式成立于 1910 年，由汇文、基督、益智 3 所教会书院合并而来，在众多的教会大学中，以经费较多、师资雄厚、人才辈出而被誉为“江东之雄”“钟山之英”，又被称为当时“中国最好的教会大学”。

金陵大学的整体建筑规划由美国建筑师凯帝 .X. 克尔考里（Cody X. Crecory）在 1913 年设计完成。占地 133.4 公顷，南北布局，主要建筑沿南北向的主轴线布置。时任汇文书院第三任院长、金陵大学首任校长包文（A.J.Bowen）又从美国请来芝加哥帕金斯建筑事务所（Perkins, Fellows & Hamilton, Architects）负责设计和建设金大新校区。现存金陵大学的 10 余座建筑主要出自帕金斯事务所建筑师司马（A. G. Small）以及中国建筑师齐兆昌、杨廷宝之手。当时金大建筑材料除屋顶的琉璃瓦和基建土木外，都从国外进口。现在，金陵大学旧址建筑保护良好，以老图书馆（校史陈列室）和北大楼（行政办公楼）为中轴线，两侧分布着西大楼、东大楼、学生宿舍甲乙楼、丙丁楼和戊己庚楼、辛壬楼、东北大楼、大礼堂、小礼拜堂等 10 余幢风格统一的民国建筑。2006 年，“金陵大学旧址”被列为全国重点文物保护单位。

北大楼是金陵大学的标志性建筑。始建于1919年，由美国帕金斯建筑事务所建筑师司马设计。整幢大楼用明城墙砖砌筑，清水勾缝，主建筑为中国建筑传统的单檐歇山顶，灰瓦青砖墙。主体建筑地上二层，地下一层，建筑面积3473平方米。中部塔楼高五层，塔顶为十字脊顶，即四面歇山顶，是传统建筑中最复杂的屋顶式样，也是西洋式钟楼的一种变形，上面饰有脊兽，塔楼的勾阑式样与天安门城楼的勾阑相仿。大楼正门的门垛、过梁、台阶均用大理石砌筑，坚固而庄重，槅心花纹为三交六椀菱花，是明清时期窗格装饰的最高等级，北京故宫三大殿中的“太和殿”门窗就采取此种装饰。大厅梁枋采用旋子花纹彩绘和云鹤纹饰天花，这些都是中国传统建筑纹饰。

东大楼位于北大楼东南侧。建于 1913 年，齐兆昌建筑师设计，陈明记营造厂承建，建筑面积 3905 平方米。主楼高三层（一层为半地下式），阁楼一层。由于该楼在 20 世纪 50 年代因火灾烧毁屋顶，重建时主楼加高一层，故而现在为五层，采用中国北方建筑形式，歇山顶，筒瓦屋面，屋顶脊中加脊，中部高耸，外墙采用青砖砌筑，素灰勾缝。大楼入口处建有突出的门套，进门大厅地面上印有十二星座的铜雕。

西大楼位于北大楼西南侧。建于 1925 年，美国芝加哥帕金斯建筑事物所设计，陈明记营造厂承建，建筑面积 3604 平方米。平面为长方形，内廊式布局。大楼地上二层，地下一层，砖木结构。尖山式歇山顶，筒瓦屋面，中有高耸凸起的出气天窗。大楼底部为明代城墙砖砌筑，上部为烟色黏土砖砌筑。勒脚部位和门窗过梁采用斩毛青石，白色大理石正门，朱漆雕花大门，海棠菱角式雕花木窗，正脊龙吻纹饰精美，门头脊兽工艺精湛，颇有中国韵味。

图书馆位于南端。建于 1936 年，与北大楼共同构成原金陵大学校园的中轴线，著名建筑师杨廷宝设计，陈明记营造厂承建，这也是金陵大学主体建筑中落成最晚的一幢。建筑为钢筋混凝土结构，歇山顶，青筒瓦屋面，青砖墙面，建筑面积 2626 平方米。建筑平面呈十字形，地上三层，地下一层。一层中部为主要入口，面朝北，两侧为图书采编等业务办公用房以及小阅览室。二层中部为借书处，两侧各有一个大阅览室。上下楼层采用重檐，一层叠似一层，有凌于云霄之感；外体采用红绿蓝三色组成的图案，红色的栋梁，蓝绿的彩绘；门厅有“金陵”纹水磨石图案，屋檐上有金陵纹饰的瓦当和花草富贵纹饰的滴水檐；出气天窗的四角饰有龙型砖雕等，都呈现出中国古典建筑的典型风格。

大礼堂建成时被称为礼拜堂，是金陵大学现存最早的建筑物之一。美国芝加哥帕金斯建筑事务所于 1917 年完成设计，陈明记营造厂承建，1918 年竣工。建筑造型仿照中国古代的庙宇。建筑地上二层，砖木结构，建成后曾经历多次改建、整修。屋顶主跨为歇山顶，附跨为硬山顶，筒瓦屋面。正门突出，附带四顶小楼，两两前后分立两侧，毗连着正面三开大门。细部雕花，极富中国传统建筑特色，墙体四周镶有砖雕菊花、万年青、梅花等，寓含延年益寿、富贵吉祥之意。大礼堂南北两面檐角各有寿字如意纹，花纹团在中央，细看却各有不同。如意纹下面正中有砖雕蝙蝠，意寓福到。硬山墙上，依然是红色木质小墙体和一溜排列成花边状的灰瓦，其外部色调与建造式样与东、西、北大楼遥相呼应。大礼堂内部天棚饰有仙鹤图案的彩绘，代表着吉祥与尊贵。屋顶也由青砖砌筑，覆盖蝴蝶瓦，清水砖刻线脚，屋檐饰有精美的花饰。外墙用明代城墙砖砌筑，城砖上仍留有铭文印记。设计者试图让中国人在自己熟悉的传统空间中接受完全不同的西方基督教教育，可谓用心良苦。

小礼拜堂建于 1923 年，用于传教士和基督信徒们活动，大礼拜堂主要用作全校集会。小礼拜堂由著名建筑师齐兆昌和美国帕金斯建筑事务所共同设计，为单层建筑，单檐歇山顶，拱形门，两侧开小圆窗。大门上方是三面包围的结构，既可支撑墙体，又有装饰作用。门楣和窗框饰有石刻西式图案，中式缠枝纹雕花木窗嵌于欧式拉毛圆框内，倒也显得和谐统一。门前设有葵花纹门鼓石一对，踏道中央铺设丹陛石，上面雕刻莲花水纹，石刻线条流畅，造型生动，寓有吉祥富贵之意。小礼拜堂精巧秀美，飞檐正脊上以鱼纹饰之，有中国南方建筑的韵味。小礼拜堂门前建有牌坊，上挂铜钟一座。金陵大学时期，每日上、下课的钟声便由此敲出。

东北大楼，建于 1936 年。齐兆昌设计，陈明记营造厂承建，建筑面积 1726.4 平方米。混合结构，楼高四层，卷棚式屋顶，筒瓦屋面。外墙用烟色粘土砖砌筑。大楼入口出有道直通二楼。建成后，为工业化学和电机工程二系以及教育电影部所使用。

学生宿舍（甲乙楼、丙丁楼、戊己庚楼、辛壬楼），建于 1925 年，由齐兆昌建筑师设计，陈明记营造厂承建。砖木结构，卷棚式屋顶，筒瓦屋面，屋面上有古式出气口，外墙用烟色粘土砖砌筑。甲乙楼与丙丁楼大小相同，建筑面积均为 755 平方米；戊己庚楼与辛壬楼大小相同，建筑面积均为 1685 平方米。4 幢建筑与西大楼一起围起一个长方形的院子。

北大楼和东、西大楼，形成坐北向南，南北轴线对称布局的环抱之势，被誉为“三院嵯峨”，楼前草坪整饬，两旁古木环绕，清雅宁静。整体建筑中西合璧，美轮美奂，宏伟壮观。

金陵女子大学旧址

金陵女子大学旧址位于南京市鼓楼区宁海路 122 号，现为南京师范大学随园校区。

金陵女子大学是中国最早的女子大学之一，创办于 1913 年，初定名为 “扬子江流域妇女联合大学”，首任校长是劳伦斯 · 德本康夫人，1914 年正式定名为“金陵女子大学”，并委派 3 名女士协助德本康夫人筹备建校工作。1915 年春，德本康夫人租赁南京绣花巷李氏宅院作为金女大临时校址。这处宅院有 100 多个房间，院内还有很大一片花园菜地。随着学生人数的递增和教学现代化的需求，学院需要扩建或重建。1919 年，德本康夫人回美国筹集 60 万美元经费，校董事会及校务委员会选择随园作为永久性校址，并购置这一带的 160 亩土地，开始建立新校。

金陵女子大学旧址

金陵女子大学的建筑设计由美国著名建筑师墨菲和中国著名建筑师吕彦直共同承担，陈明记营造厂承建。1922 年开工，1923 年建成 6 幢宫殿式建筑，分别是会议楼（100 号楼）、科学馆（200 号楼）、文学馆（300 号楼）及 3 幢学生宿舍（400 号楼、500 号楼、600 号楼）。1924 年，又建成 1 幢学生宿舍（700 号楼）。1934 年，又建成图书馆和大礼堂。至此，共建成了 9 幢呈“ H ”型的中国宫殿式建筑群。

整个校园建筑充分利用自然地形，按照东西向的轴线布置，入口采用林荫道加强空间的纵深感，布局工整，平面对称。主体建筑物以大草坪为中心，对称布置，100 号楼后面设计了 1 个以人工湖为中心的花园，中轴线的西端结束于丘陵（西山）制高点的中式楼阁。这些建筑物的造型均是中国传统宫殿式建筑风格，而建筑材料和结构则采用了西方先进的钢筋混凝土结构，建筑物之间以中国古典式外廊相连接，中西方建筑风格在这里达到了有机的统一，被称为“东方最美丽的校园”。

会议楼（100 号楼），又名中大楼。坐西朝东，建筑面积 1432 平方米，单檐歇山顶，小瓦屋面，中部屋顶略高，立面左右对称，主体二层，地下室一层，屋顶一层。钢筋混凝土结构，屋架有木结构和钢筋混凝土结构两种。

科学馆（200 号楼），建筑面积 1541 平方米，钢筋混凝土结构，单檐歇山顶，主体二层，屋顶一层，平面布局为内廊式，楼梯设在大楼中部。

文学馆（300 号楼），建筑面积 1492 平方米，钢筋混凝土结构，单檐歇山顶，主体二层，屋顶一层。平面布局为内廊式，楼梯设在大楼中部，正门入口处建有一座宽大的门廊。

学生宿舍楼（400—700号楼），建筑风格相同，单檐歇山顶；建筑面积均为1151平方米，主体二层，屋顶一层。钢筋混凝土结构，木屋架，建筑物两端建有柱式望楼。

图书馆，建筑面积 1397 平方米，钢筋混凝土结构，单檐歇山顶。

大礼堂，建筑面积 1444 平方米，钢筋混凝土结构，单檐歇山顶，主体二层，屋顶一层，地下室一层。

1923 年，新校舍落成后，教师学生由绣花巷迁入。1924 年，金女大开始建系，设有英文、历史、体育、化学、生物、社会学、数理学、医疗科 8 个系科，各系科主任均由美、英籍教员担任。此后，又陆续增加了中文、政治、经济等系。1927 年国民政府定都南京后，提出收回教育权要求，德本康夫人被迫辞职。1928 年，金女大改组校董会，推选金女大首届优秀毕业生吴贻芳担任校长。

根据国民政府教育部规定，高等学校凡有 3 个学院者才可称为“大学”，而金女大只有文、理 2 个学院，故于 1930 年改名为“金陵女子文理学院”。

南京沦陷前，因日军飞机不断轰炸，金陵女子文理学院师生分三路疏散到上海、武昌和成都，最后汇聚成都后复课。

南京沦陷期间，金女大设备被劫掠一空。抗战胜利后，1946 年 4 月，金陵女子文理学院返回南京，9 月复课。

1951 年，金陵女子文理学院并入金陵大学。翌年，全国高等学校院系调整，在金陵女子文理学院原址建立南京师范学院。1984 年，更名为南京师范大学。

金陵女子大学虽经多次变更，但其建筑依旧保护较好。这组建筑群在 1992 年被列为南京市文物保护单位，2006 年又被列为全国重点文物保护单位。

河海工程专门学校即河海大学的前身，位于南京市鼓楼区西康路1号，是我国近代著名实业家、教育家张謇奉行“实业救国”“教育救国”的宗旨，在出任北京政府实业总长兼全国水利局总裁期间倡导创建的一所培养水利技术人才的学校。现仅存1幢小楼，是当时中央大学水利系办公室旧址。此建筑建于民国，具体建造年代已不可考。院落占地面积约600平方米，砖木结构西式风格。楼坐北朝南，米黄色外墙，建筑面积约350平方米。东侧为敞开式走廊。目前，建筑的保护状况良好，现为河海大学国际合作处、国际教育学院港澳台事务办公室用房。

河海工程专门学校于1915年正式开学，是我国历史上第一所专门培养水利技术人才的高等学府，也是辛亥革命后南京地区第一所招生开课的高校，隶属于全国水利局，并由全国水利局转咨教育部立案照准。由于当时经费紧张，无钱建造校舍，租借江苏省咨议局(即现湖南路江苏省军区司令部)的房屋当校舍，首任校长是留学归来的许肇南(时称校主任，1919年改称校长)。第一年共招收学生80人，编为2个班，学制4年。

1916 年夏，该校从江苏省咨议局迁出，改租南京高等师范学堂的部分平房作校舍（现东南大学河海院）。1917 年秋，又租用大仓园民房 2 所。由于学生已满 4 届，校舍不敷使用，再迁至中正街上江考棚旧址（现白下路第六中学附近）。期间，河海工程专门学校的学生中，产生了张闻天（1917 级，曾任中共中央政治局常委、总负责）、沈泽民（1916 级，曾任中共中央委员、中宣部长）等革命家，汪胡桢（1915 级特科，1955 年当选中国科学院院士）、须恺（1915 级特科，曾任水利部技术委员会主任）等水利工程专家，许心武（1915 级特科，曾任黄河水利委员会委员长、河南大学校长）、沈百先（1915 级正科，曾任中国水利工程学会会长、国民政府水利部政务次长）等教育家和专家型高层管理者。

1924 年，东南大学工科并入河海工程专门学校，学校更名为河海工科大学，仍隶属全国水利局，著名科学家、教育家茅以升任校长，校舍迁至城南三元巷。1927 年，河海工程专门学校并入第四中山大学工学院，再迁回成贤街四牌楼河海院内，翌年成为国立中央大学水利系，1949 年成为南京大学工学院水利系。1952 年，交通大学水利系、南京大学工学院水利系、同济大学土木系水利组、浙江大学土木系水利组以及华东水利专科学校水工专修科（建于 1950 年）合并成立华东水利学院，校址选定在环境清静、交通便利的清凉山北麓的西康路 1 号，随即开展大规模的校舍建设。同年 12 月，经华东军政委员会提名，中央正式任命水利部副部长钱正英为华东水利学院院长，严恺为第一副院长，裴海萍为第二副院长。1985 年，该校易名为河海大学，并由邓小平题写了校名。

河海工程专门学校
（中央大学水利系办公室）
旧址

博愛樓
BO AI LOU
STEINWAY & SONS

金陵女子神学院旧址位于南京市鼓楼区上海路大锏银巷 17 号。

该旧址上的原 3 幢建筑是建于 1921 年至 1922 年间的圣道大楼和 2 幢学生宿舍楼。由金陵大学工程院设计，陈明记营造厂承建，为美国殖民时期建筑风格。房屋为青砖外墙，木质屋架，木质楼板，窗户采用上下提拉木扇。其中，位于校园中央的圣道大楼坐北朝南，立面对称，建筑平面布局呈“十”字形，占地面积 878.5 平方米，建筑面积 1830.3 平方米，砖木结构，中间局部三层，两侧二层。周围外墙立面设有法国罗曼式的尖券顶，组合窗为欧式风格。在布道堂前正面为木制圣坛，圣坛中间放置一座金色十字架。室内地坪采用木制地板，走廊两端设有木楼梯。二层教室布置与底层相似，白色墙面，装饰简洁。在圣道大楼的西侧和东北部的两幢教师和学生宿舍楼，建筑造型分别为美式乡村别墅风格和美式传统校园风格筒子楼，坡式屋顶加老虎窗，分别高二层、三层，建筑面积分别为 804 平方米和 978 平方米。该旧址建筑于 1992 年被列为南京市文物保护单位，2002 年被列为江苏省文物保护单位。

金陵女子神学院前身是“金陵女子圣经学校”，由美国几家基督教会在南京联合创办。1912 年冬，金陵女子神学（当时称金陵神学女校）开学，美国传教士沙德纳任首任校长，借用进德女校为校址，1921 年 10 月迁入大锏银巷的新建校舍。

20 世纪 50 年代初，外国传教士撤离该校。1952 年 11 月 2 日，金陵女子神学院与金陵神学院（原校址位于汉中路 140 号）、三一神学院、中央神学院、中国神学院、华北神学院等华东地区 12 所基督教神学院联合组建金陵协和神学院，并将大锏银巷 17 号作为校址，与江苏省基督教三自爱国运动委员会和江苏省基督教协会一并在此办公。1962 年，燕京协和神学院并入金陵协和神学院。“协和”一词有“联合”之意，集中资源办好神学院，同心走爱国爱教道路，自此，中国基督教开始走上了独立自主自办的道路，在中国基督教神学史上揭开了新的一页。

几度沧桑，沐浴风雨，改革开放后，金陵协和神学院迎来了春天。1980 年，丁光训主教被推举为中国基督教三自爱国运动委员会主席和中国基督教协会会长，成为新时期中国基督教的领袖。

金陵协和神学院是目前国内唯一一所全国性神学院，面向全国招生。1981 年恢复招生以来，课程以神学专业课为主，文化课为辅，课程比重分别占 70% 和 30%。在教学中，强调学修并重，理论结合实际；在灵性修养上，鼓励学生重视个人灵修，参加集体早晚祷，参与学院每周日举行的主日崇拜事工。除培养学生外，还承担为各兄弟神学院校培养师资、为各地两会培养专门人才的任务，形成了金陵协和神学院教研并重的学术特色传统。此外，学院长年坚持出版学术期刊《金陵神学志》，以及面向基层教会义工的《教材》。

2009 年，金陵协和神学院迁入江宁大学城新校区。

金陵女子神学院
旧址

健忠楼现为南京大学体育系办公用楼，位于南京市鼓楼区汉口路 22 号。

健忠楼始建于 1912 年，坐南朝北，砖木结构，西式风格，地上二层，另有地下室，建筑面积 593 平方米。1954 年至 1955 年重修，主体三层，地下一层，砖木结构，青砖墙面，歇山坡顶，上覆灰色筒瓦，顶层有老虎窗采光；外墙采用青砖砌筑，素灰构缝，造型严谨对称，大方稳重，体现了明清时期北方官式建筑的特征。

2002 年，南京大学百年校庆前夕，林健忠晓阳慈善基金会主席林健忠先生捐资 50 万整修，重现了其古朴典雅、富含文化底蕴的风貌，南京大学因此将此楼命名为“健忠楼”，季羡林先生与林会长为忘年之交，破例为楼题字。2013 年，该楼被列为南京市重要近现代建筑。

林健忠博士 1960 年出生于香港一个贫苦的单亲家庭。青少年时期，他曾参加“晓阳教学小组”，立志实践“和平、教育、文化”理念，1979 年毕业于皇仁书院大学，先后当过信差、清洁工、夜间兼职大厦管理员等，备尝创业的艰苦，在房地产领域成功地开创一番事业后，念念不忘回馈社会。

1996 年 10 月，林健忠先生组织“香港十友团”访问南京大学，捐赠 100 万元资助装修学校图书馆。同月 21 日，南大代校长陈懿签署感谢状，聘请林健忠为学校校董。1998 年、1999 年，林健忠先后又将自己在上海、深圳的价值 200 万元的两处房产捐赠给南大。2001 年 12 月，他再次捐资 230 万元，用于学校“中日文化研究中心”建设。林先生支持公益办学的事迹也受到南京市政府的赞赏，2002 年 12 月 2 日南京市政府举行隆重仪式，授予林健忠先生南京市荣誉市民称号。

健忠楼

健忠楼
体育文化研究基地
国家体育总局
体育文化发展中心
江苏省学生体育协会
高校体育工作委员会游泳分会

金陵大学附属中学（汇文书院）旧址

金陵大学附属中学（汇文书院）旧址位于南京市鼓楼区中山路169号。

金陵大学附属中学前身为汇文书院，该书院始建于1888年，由美国基督教会美以美会创办。同年春，建造钟楼，被称为当时金陵第一幢“洋楼”。1917年9月因失火被毁，后仍由美国教会拨款重建。该建筑为三层楼房，砖木结构，青砖砌就，中间是高耸的钟楼，两边对称，底层地板距地面1米多。建筑面积642平方米，钟楼檐高14.5米，楼主体平面为矩形南北向，前后都建有入口门廊，并有青石台阶上下；立面中部与檐口下沿，设有若干道凸出的砖线脚，环通四周；一、二层顶上采用弧形砖拱券、木制上下提拉窗。钟楼原

为四层，后顶层失火被毁，才改建为三层；原第三层部分改为阁楼，设有老虎窗，原两折屋顶改为四坡屋顶，屋面用水泥方瓦斜铺，具有 17 至 19 世纪风行美洲的“卷廊式殖民期风格”。钟楼第一层为办公用房，过道两侧各有两个大房间，并置有西式壁炉，二楼为教室，三楼是阁楼，划分 7 个房间。钟亭位于南立面正中，亭内设一大吊钟。从南京解放到现在曾多次修缮。1991 年，汇文书院钟楼被国家建设部、国家文物局评为近代优秀建筑，2006 年又被列为国家级文物保护单位。

金陵大学附属中学建筑都以钟楼为中心，总体布局为东西向轴线，其中钟楼、西楼、东楼、礼拜堂、孝吟寝室等房屋建于 19 世纪末，建筑造型属于美国殖民时期建筑风格，一般为青砖外墙不作粉刷，局部采用青条石窗台、勒角、台阶，木结构屋架，木楼地板，拱券木门窗，形态古朴，异国情调浓郁。学校所有建筑都由美国建筑师设计，陈明记营造厂建造。体育馆坐落在钟楼西南部，坐西朝东，砖木结构，建于 1934 年。屋顶采用三角型木屋架，波形铁皮瓦，墙壁四周每跨间开有拱券组合窗。主跨为一层，高 21 米，南北长 32 米，附跨为二层，建筑面积 696 平方米。体育馆入口处建有门廊。大门北侧镶嵌奠基石 1 块，上面以楷书竖刻“国内人士，众力奠成，体育宏基，念兹在兹，刊石纪功，永矢弗谖——廿三年八”字样。

汇文书院创办后，首任院长是美国人福开森，后由美国人师图尔、包文继任。1910 年与宏育书院合并为金陵大学，改中学堂为附属中学，简称金大附中、金陵中学。民国时期，蔡元培、徐悲鸿、宗白华等人常在此聚会。1937 年抗战爆发，部分教员西迁四川办学，学校分设宁蜀两地。南京沦陷后，钟楼地下室一度成为藏匿和保护妇女免遭日军蹂躏的场所。1951 年与金陵女子文理学院附属中学合并为南京市第十中学。1988 年，改名为南京市金陵中学。

在汇文书院、金陵中学学习并走出来的莘莘学子不可胜数，有著名教育家陶行知、目录学家李小缘、化学家陈裕光、美学家宗白华、物理学家吴仲华、历史学家王绳祖、经济学家吴敬琏和厉以宁、数学家田刚、生物学家傅新元、文史学家程千帆，中国科学院和中国工程院院士 21 位，各行各业的领军人物和社会佼佼者更是不胜枚举。

南京市立二中校舍旧址

南京市立二中校舍旧址位于南京市鼓楼区长江新村 8 号。

校舍建于 1937 年，坐北朝南，上下三层，呈品字形结构，正门朝南，在二三楼之间，横排由右及左镶贴“南京市立第二中学”校名。楼内沿大门左右各建有楼梯，楼内走廊为东西向，尽头各有一小门。一楼配有 6 间教室和 6 间办公室，二楼有 7 间教室和 4 间办公室，三楼配有 3 间教室和 2 间办公室，教室南一北二。三楼教室东西两侧对称，整幢校舍建筑面积计 1822 平方米。

南京市立第二中学创办于 1935 年，初由校长黄俊昌在邀贵井（现在秦淮区太平南路附近）租用民屋数间宣告成立。1937 年春，继任校长冯炳奎在筹市口（现在长江新村）主持筹建校舍，校舍大门左侧墙体内镶有奠基石 1 块，上铭：“南京市立第二中学奠基纪念、社会局局长陈建如、校长冯炳奎、中华民国二十六年四月十七日。”

南京沦陷后，筹市口校舍为日军所占。南京特别市政府于今鼓楼小学地址另办南京特别市市立第二中学，故今之鼓楼小学应为二中又一校址。

1945 年 11 月 1 日，校长李肇义接收南京特别市立二中，继续办南京市立第二中学。1946 年 11 月，筹市口三楼大厦校舍维修。修葺完成后，大部分班级迁回上课，少部分仍在鼓楼小学。

1949 年 5 月 25 日，军管会派工作组接管南京市立第二中学。2005 年，南京市二中与田家炳中学、五十中 3 校重组整合为一所高、初中分设的中学，并在原二中校区（长江新村 8 号）挂“南京田家炳高级中学（南京工业大学附中）”牌，为独立高中。原南京市立第二中学名人辈出，其中有前驻法大使吴建民、画家傅小石和傅二石、中科院院士孙仲秀、前全美华人协会主席吴京生、航空模型运动员及破世界纪录者尹承伯、台湾新闻学会会长楚崧秋、作家张贤亮、知名教授刘西拉、前北京交大校长万明坤等。

南京市私立力学小学校是力学小学的前身，其旧址位于南京市鼓楼区汉口西路 120 号。

该校建筑建于 1946 年春，初有砖混结构的三层小楼 2 幢，另有 1 幢二层楼房，西方现代建筑风格，外加教学用房和体育场，共有房屋 9 幢、39 间。学校占地面积 2825.8 平方米，建筑面积 1892.4 平方米。目前，楼房保护状况良好。

南京市私立力学小学校旧址

邵力子先生与夫人傅学文女士一向关心教育事业。抗战胜利后，他们回到南京，看到许多失学孩子无学可上，决定出资在汉口西路自己住处建立一所小学。校舍建成后，夫妻各取名字中间一个字组成“力学”作为校名，寓意为“致力于学习”，“南京市私立力学小学校”正式诞生。

1947年春，私立力学小学校开学，傅学文担任校长。小学分 6 个班级，并附设有幼儿园。1950 年，邵力子、傅学文夫妇将学校捐给南京市人民政府，翌年改名为南京市力学小学，1953 年改称南京市育红小学，1981 年 5 月恢复原名。1988 年，南京师范大学与力学小学实行联合办学，在使用原名的同时，又命名为“南京师范大学第二附属小学”。“力学”，既为校名，也是校训。改革开放后，力学确立了“努力学会做人　努力学会学习　努力学会生活”的校训，努力践行素质教育。

2009 年，力学小学教育集团成立，以力学小学为龙头学校，由凤凰花园城小学、财经大学附属小学、龙江小学组成。2011 年，由力学小学提出并发起成立“全国小学研究型文化名校联盟”，首批结盟 5 所学校是：重庆市中华路小学、大连市实验学校、东莞莞城中心小学、琼海市第一小学，缔结为国际视野下研究型文化学校建设与发展的小学教育共同体。

该小学建立于 1934 年，是公立小学。校园占地面积约 3463 平方米。校舍为 1 幢砖木结构的西式楼房，建筑面积 939 平方米，坐北朝南，高为二层，屋顶红瓦，目前保护状况良好。

从 1937 年起，该校相继更名为南京市立第一小学、南京特别市市立第一小学、南京特别市市立第一模范小学，1944 年更名为南京特别市市立琅琊路小学，1945 年命名为南京市第六区中心国民学校，1949 年又更名为南京市琅琊路小学，1954 年为南京市市立师范附属小学，1961 年复名为南京市琅琊路小学。在保留原名基础上，于 1987 年被南京市政府定为南京晓庄师范第一附属小学。

多年来，学校坚持以科研为先导，以培养学生学做“集体的小主人，学习的小主人，生活的小主人”为教育目标，实践愉快教育思想，培育自主创新的小主人，努力办成一所“教育高质，管理高效，特色鲜明，追求卓越”的现代化实验学校。在 1982 年被评为江苏省实验小学后，于 1997 年再次被评为省级实验小学。

山西路小学
（琅琊路小学）
旧址

山西路小学是现琅琊路小学的前身，其旧址位于南京市鼓楼区琅琊路 7 号。

私立鼓楼幼稚园旧址

私立鼓楼幼稚园旧址位于南京市鼓楼区北京西路 4 号，由我国著名儿童教育家陈鹤琴创办，也是我国最早的幼儿教育实验基地。该园现存西式平房 1 幢，建筑坐北朝南，红砖大瓦，建筑面积 40 平方米。1992 年，该处被列为南京市文物保护单位。

陈鹤琴（1892—1982），浙江上虞人，1914年赴美留学，1917 年获霍普金斯大学文学学士学位，1918 年获哥伦比亚大学教育硕士学位，1919 年 8 月回国，任南京高等师范学校教育科教授，讲授儿童心理学等课。为探索“大众化、科学化”的幼稚教育，陈鹤琴于 1923 年春在自己新建的住宅办起了幼儿园，取名鼓楼幼稚园，自任园长，收幼儿 12 名，聘东南大学讲师卢爱林为指导员，甘梦丹为教师。经费由东南大学教育科及中华教育改进社补助，目的在于实验适合国情的中国化的幼稚园建设，成为我国创办最早的幼儿园之一。

1925 年春，陈鹤琴感到在家里办园规模受到限制，为扩大园址，他发动东南大学 11 名教授组成了“鼓楼幼稚园”董事会，筹募资金 33887 元，在住宅旁购地 3 亩建立新园舍。新园舍落成后定为东南大学教育科实验幼儿园，陈鹤琴担任园长，全园当时设有活动室、盥洗室、衣帽室、储藏室、办公室、游戏场、草坪、动物园、小花园等。

1932 年至 1937 年间，该园又两次扩建，扩大招生，幼儿达 120 名，教职工 7 人。抗战期间，幼稚园停办。抗战胜利后复办。南京解放后，该园由南京市教育局接办，并更名为鼓楼幼儿园。

1949年8月，受南京市军管会之邀，陈鹤琴担任国立中央大学师范学院院长。是年9月，他赴北京出席中国人民政治协商会议第一届全体会议;10月1日，参加开国大典。1953年至1958年，陈鹤琴任南京师范学院院长，期间，他以南京大学师范学院幼教系为基础，整合全国多个高校的儿童教育和师范专业，建立中国第一个幼儿教育系。此后，他历任中央人民政府政务院文教委员会委员、华东军政委员会文教委委员、江苏省政协副主席、省人大常委会副主任、九三学社中央委员和南京分社主任委员、第一至五届全国政协委员、第一至五届江苏省人大代表等职。1982年12月30日病逝，终年90岁。

陈鹤琴是我国第一位引进西方婴幼儿教育的先驱者，创立了中国化的幼儿教育和幼儿师范教育的完整体系，被誉为“中国现代儿童教育之父”，他同时又是20世纪中国最杰出的教育家之一，并著作有《儿童心理之研究》《家庭教育》《我的半生》等，与人合著《智力测验法》《测验概要》等。

泽存书库旧址位于南京市鼓楼区颐和路2号。

泽存书库原为汪伪大汉奸陈群的私人藏书处，其产权化名陈炎生。1941年3月该书库动工，1942年2月竣工，耗资230万，占地面积1084.6平方米，建有砖木结构、西式风格的不等边多边形的环形封闭三层楼房，建筑面积3184.2平方米，有书库12个，内部布局合理，雅致幽静。书库建成后，陈群将祖传的珍贵古籍全部收藏于此，汪精卫、江亢虎、梁鸿志、徐良等名人也在此寄存了一大批图书，共收集旧图书达40余万册。这批藏书当中，善本达4500余部，约4.5万册，如宋元刊本及清抄稿本、石印本之类，堪称精品的为数不少。陈群特雇员工40名，专门从事书库的整理编目工作。

陈群，字人鹤，1890年生，福建闽侯人。1913年，陈群赴日本留学，先后在早稻田大学、明治大学、东洋大学攻读法律、经济，期间加入孙中山领导的中华革命党。1915年，陈群回国，先在家乡办了一阵《福建群报》，后到上海中华革命党总部任干事。1921年5月，孙中山在广州就任非常大总统，陈群任总统府秘书；1922年6月，陈炯明叛变，炮轰总统府，陈群随孙中山一起登上停泊在白鹅潭的楚豫舰；1923年10月，孙中山酝酿改组国民党，陈群任大本营宣传委员、国民党党务筹备委员；黄埔军校成立后，孙中山亲任军校总理，陈群任军校三民主义教员。1926年夏，北伐开始，陈群出任北伐军东路总指挥部政治部主任，1932年1月任国民政府内政部次长，旋改任首都警察厅厅长。1938年3月，陈群应同乡梁鸿志之邀，出任伪维新政府内政部长。

1941年初，陈群仿效齐燮元（20世纪20年代初任过江苏督军）出资10万银圆在成贤街建孟芳图书楼（取其父之名）之举，筹建书库，意在纪念父母。该楼建成后，陈群特请汪精卫题匾命名，汪精卫便取《礼记》中“父殁而不能读，手泽存焉”句命名为“泽存书库”。

泽存书库建成后，陈群相继任伪江苏省省长和伪考试院院长。1945年8月日本投降后，陈群在家中绝望自杀，并在遗嘱中申明，将“泽存书库”藏书全部捐给国家。

泽存书库旧址

抗战胜利后，泽存书库由国立中央图书馆接管，成为该馆北城阅览处，且专供善本书库及特藏组办公之用，由屈万里主持。南京解放前夕，泽存书库的大部分珍贵藏书被运到台湾。

1949 年后，国立中央图书馆更名为南京图书馆，泽存书库由原来的北城阅览处改为南京图书馆古籍部。1994 年，南京图书馆古籍部迁到虎踞北路 85 号。此后，泽存书库成为江苏省作家协会和江苏省文艺基金会办公楼。2009 年，江苏省作家协会迁入建邺区梦都大街 50 号，泽存书库房舍改作他用。

基督教百年堂及宿舍旧址位于南京市鼓楼区汉中路 140 号。

该建筑建于 1921 年，西方教堂式古典建筑风格，坐西朝东，楼高四层，砖木结构，入口处直通二层门廊。该建筑设计流畅宽敞实用，总建筑面积1691.42平方米。在百年堂东北约20米处，另有1幢高三层的西式建筑，风格与百年堂相近，是巴洛克风格，总建筑面积1283.65平方米，据说是教士住宅。现两幢均为南京医科大学使用。2006年，该处建筑被列为南京市文物保护单位。

1921 年，美国南卡拉那省（即南卡罗莱纳州）生姆脱城三一堂捐建了这座建筑，以作监理公会国外布道百年纪念，故名百年堂。在大楼东南角镶嵌的白色黄岗岩石碑上，有中、英两种文字的铭文。中文为楷体竖书，英文为横书，全文如下：

基督教百年堂及宿舍旧址

百年堂
此系美国南卡拉那省
生姆脱城三一堂捐献
所成用作监理公会国
外布道百周纪念
中华民国十年
西历千九百二十一年敬志

基督教百年堂是金陵神学院的重要组成部分。金陵神学院的前身是美国基督教会在华开办的金陵圣经学院。金陵圣经学院是一个超宗派的在华神学机构，于 1911 年由卫理公会的圣道馆、基督教长老会华中联合神学院的圣道书院和美国基督会的使徒圣经学院合并而成，同年 9 月 13 日正式开学。当时的学生和教职员人数对等，都是 44 人。开校的第二年，校董会决定把原来的金陵圣经学校改名为金陵神学，并于同年冬天开办金陵女子圣经学校（即金陵女子神学院）。5 年后的 1917 年，金陵神学再改名为金陵神学院，校址设在汉中路 140 号。1921 年，基督教百年堂在此建成，成为金陵神学院的教学楼和宿舍。20 世纪 70 年代，原金陵神学院的老建筑尚存 5 幢，现只剩下 2 幢。

民国时期，美国驻华大使司徒雷登曾在金陵神学院任教。抗战时期，学院迁往成都和上海，战后又迁回南京。1951 年该院与金陵女子神学院合并，沿用金陵女子神学院在大锏银巷 17 号的校址。

天祥里、天保里

天祥里、天保里位于今南京市鼓楼区下关大马路西南区域，始建于 1916 年，为当时南京天主教教众居住建筑群。

天主教在元代传入中国。明朝年间，意大利人利玛窦来南京开展传教活动，并建立天主教堂。其后，法国、美国天主教耶稣会也来南京设立会院。随着传教活动日盛，在南京设立的教会活动场所亦逐渐增多。天保里 34 号即曾为天主教耶稣会的一所教堂，天主教耶稣会的出版印刷机构也曾设在此处。

1890 年，法国天主教在今南京市鼓楼区下关大马路西建立了天主教堂，之后先后兴建了许多格局、结构和形状基本一致的民居式平房和两层楼房，其中两层楼房可以分户使用。每幢 5 至 10 户不等，楼上、楼下各一间，单门独院，设有厨房、亭子间，前院有小天井，并装有电灯、自来水。并以天主教的“天”字命名街道，于是该地段出现了“天祥里”“天保里”“天光里”等“天”字头的街道。他们以低廉价格出租给贫民难民，只要他们愿意信仰天主教，甘愿做教民。可见，法国天主教的目的十分明显，就是利用福利手段拉拢吸收教民，在中国开展传教活动。

天祥里、天保里天主教教众居住建筑群至今保存尚好，整体结构未改，基本保留了当时建筑风貌。天祥里、天保里近代建筑群是南京为数不多的天主教教众居住建筑群落，它对了解当时历史、宗教和民情都具有一定价值。

道胜堂旧址

道胜堂旧址位于南京市鼓楼区中山北路 408 号，现为南京市第十二中学校址。

旧址建有 3 幢二层歇山顶楼，2 幢西式二层小楼，中式小亭一座，形成一个规模较大的宗教建筑群。这组建筑建于 1913 年至 1923 年，占地面积 20 万平方米，建筑面积 2188 平方米。3 幢建筑均为砖木结构，中西合璧，外部是中国建筑风格，筒瓦屋面，檐下彩绘，有歇山顶和攒尖顶（亭）两种。内部为西式装饰。其中，道胜楼高二层，一层为传教之所，二层为中方牧师及家属所住，还有一层地下室。这二层小楼坐北朝南，砖木钢结构，歇山坡顶，脊顶还建有 2 个烟窗，为使屋顶造型保持协调一致，所设计的歇山顶有别于传统建筑的歇山顶，也不像传统二层建筑采用重檐歇山顶，而是采用三重歇山顶交合于一体的设计。“鸳鸯楼”是以回廊连接在一起的二幢歇山顶的二层宫殿式建筑，现名约翰 · 马吉图书馆。一楼作为礼拜堂与教室，二楼作为西方传教士住所。二楼的底部都有一圈阳文砖雕，北楼一周的阳文取自《圣经 · 旧约》；南楼一周的阳文选自《中庸》《论语》以及曾国藩、陈宏谋的言论，意在中国的圣贤思想与西方宗教的神秘色彩在这里交汇。这两组砖雕在“文革”期间被有心人以水泥覆盖而幸存下来。1992 年，道胜堂旧址被列为南京市文物保护单位。

1912 年，年仅 28 岁的约翰 · 马吉作为美国基督教圣公会教派的一名牧师，受圣公会派遣来到中国，到南京下关商埠区传教并开办小学。

约翰 · 马吉到下关后，一边在大马路周围的天光里租下 3 幢小楼开展布道活动，一边筹资买地建堂。当时，开埠区内地价普遍高于城内，迫使约翰 · 马吉不得不把目标放在开埠区之外，他看中护城河边的一块黄泥滩地，这块地方不仅地价底，且离开埠区较近，并能与太平南路所建圣保罗教堂形成南北呼应之势。

约翰 · 马吉心思缜密，富于创新冒险。当时，季盟济已在太平南路建哥特式教堂，内部是中式结构。他完全可以步其后尘建立西式教堂，但他反其道而行之，要求建立的教堂外形是中国古典宫殿风格，内部是西式装饰，与季盟济的共同点是教堂都有中国建筑的重要元素，以加强与中国人的亲合力，降低中国人的抵触情绪，便于传教和促进基督教在本地区的发展。另外，约翰 · 马吉对他所建的教堂没有取洋名，所名道胜堂，取自《尉缭子》中“凡兵有以道胜，有以威胜，有以力胜”的以道取胜之意。

在教堂建设期间，约翰 · 马吉在布教的同时，又创办益智小学，首位校长为沈子高。在教堂前期小楼建成后，小学迁入此新校址。1919 年改名为道胜小学，1941 年道胜小学增设初中，更名为道胜中小学，1946 年正式定名

为私立道胜初级中学，1951 年与私立惠民中学合并为下关中学，1952 年 7 月由南京市人民政府改为公办，并命名为南京市第十二中学至今。

南京沦陷后，道胜堂作为美国财产，约翰 · 马吉与道胜堂都相对安全，道胜堂也成为中国妇女的避难所。期间，他以国际红十字会南京分会主席身份在救助难民的同时，用摄像机秘密拍摄日军犯下的暴行，成为至今唯一的有关南京大屠杀的动态影像资料。太平洋战争爆发前夕，约翰 · 马吉离开道胜堂，回到美国。

2002 年，约翰 · 马吉的儿子将摄像机和影像资料捐赠给了侵华日军南京大屠杀遇难同胞纪念馆，使之成为研究南京大屠杀的重要史料。

中央广播电台发射台旧址位于南京市鼓楼区江东门北街 33 号。

旧址建筑建于 1931 年，由 1 幢发射机房、1 幢配电房、1 幢警卫营房和 2 座发射铁塔组成。发射机房，建筑面积约 1800 平方米，坐北朝南，钢混结构，中西合璧，中部为拱形，分为上、中、下三段，两边低对称，外墙为紫砂色面砖，屋内为通到顶约两层楼高仓库空间，用于安装电台的各种仪器、设备、电缆。所用面砖与国民政府外交部大楼面砖一样，都是从外国进口，其耐火、抗击风化和耐腐蚀能力远高于一般的红砖、青砖。

发射台机房后不远处即为配电房，建筑面积约 300 平方米，墙上嵌着一块白色的小牌，上刻有“上海华中营业公司承建、中华民国二十年十二月”字样。2 座发射铁塔高 125 米，其高度当时位居东亚第一、世界第三。

1927 年 4 月，国民政府定都南京，国民党领袖深感“主义急于灌输，宣传刻不容缓”。1928 年 2 月，陈果夫联合叶楚伧、戴季陶等中央委员，在国民党二届四中全会上提议设立广播电台并获通过。稍后，陈果夫以关银 1.9 万两向上海美商开洛公司订购 500 特瓦的中波播音机全套设备，包括 5000 瓦汽油发电机的自备电源，两座 140 英尺（约 42.672 米）高的自立式铁塔及室外发音设备。

中央广播电台发射台旧址

在陈果夫的主持下，中央广播电台最初勘定在湖南路国民党中央党部内西南角的一块空地作为台址，并建造机房、设置铁塔。1928 年 5 月开工，由上海大新营造厂装配发射铁塔，建造发射机房，1928 年 7 月中旬竣工。两座新建的高 140 英尺的铁塔，是当时南京城的最高建筑物。1928 年 8 月 1 日，中央广播电台（呼号 XKM，其中 X 是国际无线电台公会当时指定为中国广播电台专用的字母，KM 代表国民党）在中央党部大礼堂举行隆重的揭幕典礼，蒋介石、陈果夫、戴季陶、叶楚伧等人出席开幕式。这次开幕式也是首播式，中央广播电台将会议实况转播出去，国民政府军事委员会委员长、国民党中央政治会议主席蒋介石在开幕式上致词，戴季陶、陈果夫也相继演讲。

由于新建的电台电力有限，电波覆盖范围很小。陈果夫等人认为，要适应时代的发展，必须加大中央广播电台的电力。1930 年，由陈果夫牵头，向德国德律风根公司订购了全套无线电广播设备，包括一台 50 千瓦功率的中波机，两座高度为 125 米的铁塔。后来，因陈果夫等人不接受回扣，德国人很受感动，于是主动增加了 25 千瓦的电力，中波机的功率于是就升至 75 千瓦。陈果夫等人选定南京西郊江东门外北河口作为发射台台址，1931 年开工，1932 年 5 月竣工，同年 11 月 12 日孙中山先生诞辰 66 周年纪念日，新台正式开播。新台呼号 XGOA，频率 680 千赫（后改为 660 千赫），这座新建的广播电台被称为“东亚第一，世界第三”，电波遍及海内外。当时日本国内仅有 10 千瓦的电台 5 座，全国电台电力总和还不及我国的 1 座，因此称国民党中央广播电台为“怪放送”，中央广播电台建立后，成为党国“喉舌”，陈果夫牢牢掌握了对电台的控制权，电台的首任主任是徐恩曾，第二任主任是吴道一。

中央广播电台的存在，催生了一个地名——电台村。据《南京地名大全》记载，位于江东门江东北路南端西侧的电台村，1931 年建村，因为靠近中央广播电台，就直接以“电台”作为村名。

昔日中央广播电台的播送节目甚为广泛，早上有国术早操、简明新闻、全国气象；中午、下午有京沪商情、公民常识、法律知识、科学演讲、儿童节目和音乐等；晚上有时事评述、国语教授、英语报告及特别音乐等，节目排定有序，每周播音时间 4500 分钟，除周日外每天平均约为 11 小时 20 分钟。遇有重大政治活动则全天播出。其中主持儿童节目的播音员刘俊英，因嗓音圆润甜美而深受听众欢迎，1935 年日本《朝日新闻》还称赞她为“南京夜莺”。

抗战时期，中央广播电台西迁重庆，发射台和播控中心落入日军之手，1940 年汪伪政府成立后，利用原有的中央广播电台进行反动卖国宣传。

抗战胜利后，国民党中央广播事业管理处派员来南京接收汪伪中央广播电台，中央广播电台随即迁回南京，发射台设在江东门，播控中心和办公室设在中山东路西祠堂巷，收音台设在中山陵园东区安乐堂村。

1948 年底，中央广播电台将部分设备拆迁台湾，但发射机房和两座发射铁塔等只能留在原地。1949 年 4 月 23 日南京解放，第二天早上 7 点 30 分，留守在电台的工作人员决定停用“中央广播电台”的呼号，改为“南京广播电台”。

1949 年 5 月 18 日，南京广播电台改名为南京人民广播电台。1952 年 8 月 7 日，苏南行政区、苏北行政区和南京市合并，恢复江苏省建制。1953 年 1 月 1 日，苏南人民广播电台、苏北人民广播电台和南京人民广播电台正式合并，成立江苏人民广播电台，发射台还是江东门的原中央广播电台旧址所在地。目前，发射塔仍在使用。

中英文化协会旧址

中英文化协会旧址位于南京市鼓楼区北京西路41号。该建筑建于1935年，占地面积350.5平方米，建有砖木结构的西式主楼1幢14间、西式平房1幢、厨房、厕所共23间，建筑面积753.7平方米。主楼坐北朝南，假三层，米黄色外墙，坡顶青瓦，老虎窗4个，壁炉2个，钢质门窗，北侧二楼带露天小阳台，建筑面积约300平方米。

英国文化协会成立于1934年，是一个在英国注册的非盈利性的文化组织，致力于促进英国文化、教育、国际关系之拓展和交流，此时也正处于国民政府经济建设“黄金”时期。

1927年至1937年是南京国民政府经济建设的“黄金十年”。期间，国民政府向欧美各国派遣了一批官费留学生，以法国、英国、美国为主，每年100人左右，最多达到每年1000人左右。1933年国民政府教育部颁布《国外留学规程》，规定公费留学生必须通过考试选拔，再由中央或地方政府出资派遣，利用庚款退款选派以及由国内学校或团体派遣留学。英国文化协会成立后，在中国建立中英文化协会，有助于中英之间的文化交流，有助于中国留学生到英国留学学习，直到1937年南京沦陷前中断。

1937年11月29日晚6时，南京特别市市长马超俊在中英文化协会办公室宣布成立南京安全区（难民区）国际委员会，西门子洋行驻南京代表拉贝任国际委员会主席，总部设在南京市宁海路5号。

马林医院旧址

马林医院旧址位于南京市鼓楼区中山路 321 号。

旧址上的建筑分别建于 1892 年、1917 年和 1920 年。主体建筑是建于 1892 年的病房和门诊楼。这幢建筑是美国殖民时期建筑风格，因形随势而建，坐北朝南，地上三层，地下一层，面宽 31.5 米，进深 12 米，砖木结构，外墙青砖，清水勾缝，墙身用红砖勾勒线脚，圆拱形门窗，四面坡屋顶，上铺水泥平瓦，屋顶设有 6 个突出的老虎窗，楼南面正中门楣上镌刻有“光绪十八年”和“AD.1892”字样。

1917 年至 1920 年，医院扩建病房、手术室、办公楼等建筑，风格与 1892 年所建之楼一样，都是美国殖民时期建筑风格。这些楼高二至三层，底部用城墙砖砌造，上部用青砖砌造，不再用红砖勾勒线角。现只剩下 3 幢小楼，分别称为 1892 楼、1917 楼和 1920 楼，1992 年被列为南京市文物保护单位，2002 年被列为江苏省文物保护单位。

1886年，加拿大籍传教士兼医生马林（1860—1947）来南京行医传教，在鼓楼附近和城南花市大街（今长乐路附近）设堂，附设诊所，免费为贫病患者治病，劝人信教。1887年，美国基督教会非常赏识马林行医传教所取得的社会效果，决定集资为他建造一所医院。中国人景观察等在鼓楼南坡捐地 10 余亩为医院院址，景观察夫人及庄效贤等人也慨慷捐资。1890 年，兴建一座砖木结构四层楼房，1892 年底落成，1893 年 3 月命名为基督医院，马林任院长，时有床位 50 张，外籍医师 3 人，护士 1 人，华籍医助 4 人及护理员 3 人。1911 年，美国基督教会所办的金陵大学增设医科，将医院划为医科的实习医院，马林任金陵大学医科教员，并于 1914 年正式更名为金陵大学鼓楼医院，马林随即离开医院，到城南花市大街小基督医院继续行医，仍兼鼓楼医院外科顾问。1917 年至 1920 年，在原有基础上分别又建起了门诊房、手术室、病房、办公楼等小楼。1927 年，马林退休回美国定居，改由美籍医师谈和敦（J.H.Daniels）接任院长。

1927 年 4 月，国民革命军抵达南京，南京市政府接管医院，委任军医处长陈方之出任院长，易名为南京市立鼓楼医院，翌年 8 月医院归还金陵大学，市政府规定院长由中国人担任，金陵大学董事会乃聘外科主任张逢怡出任院长。1930 年秋，美籍医师谈和敦再度担任院长。

1937 年，南京沦陷前，谈和敦逃离，由留院医生屈麦尔代理院长。南京沦陷后，日本同仁会南京诊疗班于 1942 年 2 月接管医院，改名为日本同仁会南京诊疗班鼓楼医院，由诊疗班班长土屋毅任院长。日本投降后，美国教会收回医院。

1951 年 6 月，南京市军管会从美国教会手中接管该院，并更名为南京市立人民鼓楼医院，1958 年易名为南京第二医学院附属人民鼓楼医院，1961 年易名南京市人民鼓楼医院，1966 年改名为反帝医院，1972 年复名为南京市鼓楼医院。2007 年，在马林医院旧址上建立鼓楼医院历史纪念馆，这是江南地区首家西医医院纪念馆。

国立中央大学医学院附属医院旧址位于南京市鼓楼区丁家桥 87 号，即今东南大学丁家桥校区内。

旧址上2幢民国时期建筑始建于1944年，1946年完工，均坐北朝南，高为两层，米黄色外墙，木制门窗，外窗框为银灰色，木制地板。前一幢楼是中央医学院附属医院外科、妇产科，于1965年维修时两头加长，并在屋顶上加盖一层，高为三层，建筑面积4017平方米；后一幢楼是儿科、内科，建筑面积2304平方米。目前，两幢建筑均保护较好。

国立中央大学医学院附属医院建立于 1935 年。1932 年，曾任清华大学首任校长的罗家伦任国立中央大学校长，于 1935 年重建医学院和农学院，医学院院址选在南京城北丁家桥，戚寿南任医学院院长。1937 年南京沦陷前，中央大学本部西迁重庆沙坪坝，而新建的中大医学院和农学院则迁往成都华西坝，中大医学院借用华西大学校舍，今四川省立医院即为中央大学医学院在抗战时期创办的附属医院。

1940 年 4 月，汪精卫政府在南京成立“复校筹备委员会”，“恢复”中央大学。由于国立中央大学校址被日军改作陆军医院，选在中央政治学校旧址开学，不久迁至金陵大学校址，称为“汪伪中央大学”，学校分设文、法、商、教育、理工、农、医、药 8 个学院。日本投降后，汪伪中央大学停办。该校校产的接收工作由中央大学、金陵大学等单位协商进行，商定汪伪中央大学土木工程系、艺术系（绘画、音乐组）、医学院等院系的图书设备归中央大学，其余归金陵大学。因此，医学院归于中央大学，地址仍在丁家桥，院长仍为戚寿南。1946 年中央大学迁回本部，丁家桥医学院内新大楼落成后，大学附属医院从本部迁出到丁家桥。

新中国成立后，国立中央大学医学院先后改名为南京大学医学院、中国人民解放军第五军医大学等，1958 年 7 月改建为南京铁道医学院。2000 年 4 月，南京铁道医学院与东南大学合并，更名为东南大学医学院，其附属医院则改为东南大学附属医院。

国立中央大学医学院附属医院旧址

铁路南京诊疗所旧址

铁路南京诊疗所旧址位于南京市鼓楼区中山北路262号。

旧址上建筑建于1920年至1937年，原有建筑9幢50间，目前只余3幢建筑。其中3号楼为主楼，俗称“飞机楼”，建筑面积2542.6平方米，西式别墅建筑风格，坐东朝西，中部两层，正大门突出，整幢大楼呈米黄色外墙，坡顶红瓦，西式风格，外形酷似一架停泊的飞机。门楼为水泥外墙俗称“飞机头”，正门后中间是一层建筑，俗称“机身”，两侧均是一层，水泥红砖、米黄色外墙，俗称“两翼”。该建筑原为国民党西北民生实业公司驻南京办事处及西北文化协会旧址，产权登记人是西北军政委员会副主席张治中，后租给江南铁路南京办事处使用，新中国成立后为南京铁路分局和南京铁路医院使用。2号楼，建筑面积356.6平方米，西式别墅建筑风格，坐北朝南，楼高两层，砖混结构，木门木窗，黄色墙面，红色瓦面，非常引人注目。4号楼，建筑面积601平方米，西式别墅建筑风格，坐南朝北，地上二层，地下一层，砖混结构，黄色墙面，青色大瓦，砖混结构，现开门向西，地下一层已封闭。目前，该处3幢建筑均保护较好。

铁路南京诊疗所由京沪铁路管理局创办于1920年12月，地址在中华路712号，后迁至三牌楼和会街，隶属于镇江铁路医院。新楼建成后，陆续迁入。1941年，日军占领南京后改为苏州铁道医院南京诊疗所，隶属于华中铁道株式会社总务部。1946年，改为京沪区铁路管理局南京铁道医院，隶属上海铁路管理局。1991年易名为南京铁路分局中心医院，1992年经省教委批准列为南京铁道医学院教学医院，1996年改名为南京铁路卫生学校教学医院，2000年更名为东南大学医学院教学医院、国家级爱婴医院，2002年授予南京市医保定点单位，2003年授予江苏省（离休干部）医保定点医院。

2005 年，南京铁路分局撤销，上海铁路局南京铁路办事处成立。南京市政府与南京铁路办事处经过多次协商，将医院移交给南京市政府。现为南医大二附院东院。

中央地质调查研究所旧址位于南京市鼓楼区马台街 141 号。该建筑为西式风格，坐西朝东，砖木结构，楼高二层，青色瓦面，白色外墙，院落花坛前还有古树数株。

该建筑系国民政府地质调查研究所用房，始建于抗战前，原有民国建筑 5 幢，现仅余 1 幢，建筑面积 431.6 平方米。目前，为中国石化集团华东石油局第六物探大队使用。

中央地质调查研究所旧址

交通、服务业、企业类

南 江边路 北

中山码头位于南京市鼓楼区下关长江边，是南京城区与江北的交通重要渡口和江运码头。该处码头早已有之，南宋时称龙湾渡，是长江“六大名渡”之一，历史悠久。但它还不是现在我们所说的码头，大约仅相当于渡口而已，南京的百里长江岸线还没有一座真正意义上的码头，直至清末光绪年间，南京士绅上书两江总督左宗棠，要求在下关建设码头。由于清政府不愿开放南京，左宗棠也不能说出“码头”二字，要求上书士绅以“功德船”代替“码头”，朝廷后来批准设立。1882 年 10 月，轮船招商局从芜湖调来“四川号”趸船，碇泊下关江岸的木栈桥边，成为南京的第一座轮船码头。后来，当准备用铁质码头船取代这个木质“功德船”时，继任两江总督曾国荃居然不准，并认为功德船不算码头，铁质船则是码头了。理由就是下关不是通商口岸，若改立码头，“万一洋人起而要挟，更属有碍全局”。轮船招商局无奈，只得继续使用木船作为码头。1899 年，南京正式开放为通商口岸，外国轮船公司相继在下关新建码头，多处码头建在下关江岸边。津浦铁路开建后，津浦铁路局首先在江浦建造码头，至 1914 年，共建码头 10 座，用于客、货运输。之后，下关江边又开始建造一些码头，其中客运轮渡码头和火车轮渡码头各 1 座，1910 年兴建的下关客运轮渡码头，即中山码头的前身。

中山码头原称飞鸿码头，后改称澄平码头。因孙中山先生奉安大典，该码头又予重建，于 1928 年 8 月 8 日竣工，称津浦铁路首都码头，后被改称为中山码头。1929 年 5 月 26 日下午，孙中山先生灵车由北京缓缓启行，5 月 28 日上午 10 时 30 分抵达浦口站。迎灵仪式后，由 32 名杠夫将灵柩奉移下车并移上停泊在江边的“威胜号”军舰上。军舰于 11 时 30 分起航，12 时许抵达中山码头。这天，中山码头布置得庄严肃穆，码头正中建有一座巨大的素彩牌楼，国民党要人早在上午 8 时就集中于此恭候。“威胜号”军舰停稳后，32 名杠夫将孙中山先生灵柩奉移上岸。下午 1 时，在行礼仪式后，灵柩被移上特备汽车，向南京城内进发。中山码头见证了这一历史性的一幕。此后，中山码头又经多次改建并不断扩大，1990 年进行更大规模重建，一座“山”字形的寓意“中山”的候船大楼拔地而起，面积达 3040 平方米，成为下关江边的著名景观。

中山码头

中山碼頭

中山北路

中山北路是南京中山大道的主要路段，位于中山大道的北段，该路段在鼓楼区域内。

中山大道是民国时期南京开辟的第一条大道，是以孙中山先生名字命名的最具影响的大道。中山大道最初叫迎榇大道，是专为迎接孙中山先生灵榇由北平（今北京）南下奉安南京中山陵而建造的。中山大道于 1928 年 8 月破土开工，1929 年 4 月建成通车。因该大道较长，在建造之初便确定以鼓楼、新街口为节点分为 3 段。由中山码头至鼓楼为大道北段，名之为中山北路；鼓楼至新街口为大道中段，名之为中山路；新街口至中山门为大道东段，名之为中山东路。中山大道全长 12 公里，上起自下关临江码头，下至于中山门与陵园大道衔接，其轴线基本上呈“Z”字形布列贯通全城。中山大道既是当时南京最长、最主要的一条主干道路，也是民国时期首都建设的重要工程。中山大道的建造由当时的南京市工务局经办实施。路面工程分为 6 段，分别由当时的南京市工务局、椿源锦记营造厂、谈海营造厂、缪顺兴声号营造厂、严永记营造厂、联益工程公司等承建。工程经费 150 万元，多为爱国华侨的捐款。

中山北路，是中山大道的北段。该路段北起下关中山码头，南到鼓楼广场，为南北走向的“7”字形，全长 5662 米，沥青混凝土路面。此路段始建于 1928 年 12 月，第一期工程于 1929 年 5 月完工。修建中山北路工程，可谓艰巨繁重，从下关至挹江门一段，芦苇遍地，竹林丛生；鼓楼附近高岗起伏，丘陵叠连，此路段的地形复杂，造成施工难度增大，工期延误，在修建中还引发了拆迁风波，出现游行示威情况。时任南京市长的刘纪文采取铁腕措施，强拆硬迁，并免除了陈扬杰市工务局局长职务，全力保证该路段的按期完工。

1929 年 5 月 28 日，孙中山先生灵柩由北平抵达南京。10 时许，灵车到达南京浦口车站；11 时 30 分，孙中山先生灵柩被移至“威胜号”军舰，渡江至中山码头，并由特制汽车，经过中山北路，运至湖南路的国民党中央党部礼堂，举行公祭。6 月 1 日，孙中山先生灵柩运至中山陵，并于是日 10 时 15 分如期举行奉安大典。

此后，中山大道进行过多次重建、拓宽和改造。当时的中山北路上多为党政军各级机构和社会公共部门，其建筑样式亦是多种多样，各具特色。中国古典宫殿传统样式的有国民政府行政院、立法院等；而西式风格的建筑，包括中西合璧式风格的建筑也有不少，如国民政府外交部大楼、首都饭店大楼和最高法院大楼等，不一而足。

大马路

大马路位于南京市鼓楼区下关江边，属下关商埠中心地带。该路始建于1895年后得以不断拓建，系洋务运动的产物。国民政府定都南京后，该路渐次繁华，为南京最繁华的商区之一。

自大马路开建后，较为重大的开埠通商活动和近代一些重要历史事件都发生于此，诸如金陵关的开放，外国洋行的开设，英、日、德三国码头的拓建等。至民国，江苏邮政管理局大楼等相关办事机构的建成，特别是商贸、服务业的发展繁荣，使大马路区域变得热闹非凡，可谓巨贾云集，商铺林立，在20世纪30年代即有“南有夫子庙，北有大马路”之说。据有关资料显示，当年新街口一带地价为1—10元/方，而下关沿江大马路一带地价 100–200 元 / 方，难以让今人相信，当年下关大马路的地价竟然高于新街口地区 10 倍以上。

1937 年日军对下关沿江一带实施狂轰滥炸，大马路包括其周边商埠街、二马路、鲜鱼巷等商贸繁华地域受到严重损坏，遍地瓦砾，满眼凋零，昔日之繁华一去不再。

近些年，大马路上的老建筑，如江苏邮政管理局、中国银行下关分行、招商局南京分局等旧址得到保护、修葺和利用，新的建设发展规划也正在实施之中，昔日的大马路迎来了新的发展机遇，也将更加繁荣。

该广场于 1930 年 11 月破土动工，1931 年 1 月完工。当时的新街口广场平面呈正方形，边长 100 米，面积 10000 平方米，内有直径 16 米的草坪，9 米宽的水泥花坛，20 米宽的环形沥青车道，5 米宽的水泥混凝土人行道。

新街口广场是南京市内第一个广场，亦称第一广场，是南京的交通、金融、商贸和娱乐中心，亦是南京最繁华的地方。民国时期，新街口为交通要道，终日车水马龙，熙来攘往。交通银行、中国国货银行、大陆银行、浙江兴业银行等构成南京市的金融区域，被称为中国的“华尔街”。福昌饭店、大三元菜馆、同庆楼菜馆等饭店菜馆林立；中央商场、李顺昌服装店等商店云集；《朝报》《新民报》《中央日报》等有影响的报馆，以及大华大戏院、新都大戏院、世界大戏院、中央大舞台等娱乐场所都汇聚于此，新街口已经成为当时南京的核心。

南京解放后，人民政府对新街口广场进行多次扩建。1953 年修建人行道内侧的铁护栏；1967 年，矗立在新街口广场中央的孙中山铜像被转移到中山陵园管理处保存；1979 年和 1986 年两次整修车行道，铺筑沥青混凝土路面；1989 年在广场中心建起由 3 把竖立的钥匙和一个银球组成的“金钥匙”雕塑。1996 年 11 月，在孙中山先生诞辰 130 周年之际，南京市人民政府重新制作了一尊孙中山铜像并安放在新街口广场中央。由于城市建设的需要，2004 年，新街口广场由环形交叉改建为十字平交道口。近些年，新街口广场多有养护修建，地铁出入口即建在其周边，其现代气息更胜以前。

新街口广场

新街口广场位于南京市中山路、中山南路、中山东路、汉中路 4 条主干道的交汇处。

鼓楼广场

鼓楼广场位于南京市北京东路、北京西路、中山路、中山北路、中央路 5 条主干道的交汇处，为市内大型交通广场。

该广场始建于 20 世纪 30 年代，因明朝鼓楼建于此而得名。1929 年 5 月，中山大道未建成以前，鼓楼地区仅有保泰街（北京东路西侧）一条路通过此处。中山大道建成后，鼓楼成为中山路和保泰街十字交叉路口。1931 年，中央路通车后，鼓楼又成为中山北路、中山路、保泰街与中央路 4 路交汇处。为此，1934 年修建了长 42 米、宽 18 米的椭圆形中央环岛，成为环形交叉口。

南京解放后，1959 年 2 月，南京市政府将鼓楼广场中心岛扩建成南北长 120 米、东西宽 60 米；广场外缘扩展到南北长 172 米、东西宽 112 米；环道加宽到 18 米，并增建 8 米宽人行道，成为占地 17600 平方米的大型广场。“文革”期间，鼓楼广场的绿化遭到严重破坏，广场边上还建造了“检阅台”。1983 年南京市、鼓楼区两级政府对鼓楼广场加以改造，在中心岛外缘建有铸铁进水口盖板的排水沟，砌筑高 50 厘米的护栏等，拆除了“检阅台”，恢复绿地，种植树木、花草。1995 年至 1998 年，广场东边拓建市民休闲广场，绿树成林，绿草成茵，景致更加怡人。目前，新的鼓楼公园与鼓楼广场连成一体，鼓楼广场亦以更加美丽的景象吸引游人。

山西路广场位于南京市中山北路、湖南路、山西路的交汇处。

1929 年，修建中山大道时建成该广场，原为十字平交口。1935 年改建为环形交叉广场，广场占地面积 7900 平方米，中心岛直径 48 米，环道宽 10 米。1946 年夏，将环道在原有基础上向外拓宽 11 米，外侧 5 米为人行道，余 3 米为绿化带。1947 年，又将 9 米宽的弹石路改建为沥青路面。

南京解放后，山西路广场曾多次修扩建，翻修车行道及人行道，增设铁护栏，并将广场绿化改造为多层次的大花坛，将中心原有树木更换为大雪松、广玉兰，四周配植红枫、榆叶梅等。1990 年改造时，在广场中心安装一组“花之舞”不锈钢群雕，四周设置步行道。1994 年在中心岛上布置了中心花坛。1997 年，广场中心修建金字塔式灯光喷泉。2000 年将环交广场拆除，改建成色灯交叉路口，增设地下人行通道。同年 9 月，由南京市、鼓楼区两级政府投资 1 亿多元，将原西流湾公园和青少年宫扩建成与山西路广场连成一体的山西路市民休闲广场。新建成的山西路市民休闲广场主要有青少年宫、青春剧场、科学宫、观艺台、水幕电影、灯光喷泉、长廊、露天广场、水池和湖心岛等建筑设施和景点。现在，随着湖南路的改扩建，山西路广场又开始了新一轮的建设。

山西路广场

挹江门

挹江门是南京主城区的西北大门，位于鼓楼区域内的中山北路与明城墙交汇处，相邻仪凤门和定淮门。挹江门最初称为“土城门”，因为它是市民为进出城方便私自挖出的一个门洞。1914 年 5 月，主政江苏的韩国钧为城市建设发展和交通便利需要，将此辟建为城门，因韩国钧老家海安旧属海陵，故定名为海陵门。海陵门的开通，对于城区与下关的联通和促进下关的发展起到了重要作用。

为了迎接孙中山先生的灵柩奉安中山陵，南京建设中山大道，海陵门列入改造建设范围。1928 年，海陵门被改建成三孔券门，门名也改为挹江门，“挹江门”3 字为时任考试院院长的戴季陶所书。此后，挹江门便成为下关入城的重要通道。1930 年，挹江门又修建了城楼。在 1937 年 12 月，日军攻占南京，挹江门被炸得破败不堪，城门周边堆满中国百姓和军人的尸体。抗战胜利后，1946 年，国民政府还都南京，将挹江门修葺一新并改名为凯旋门，以欢庆抗战胜利，但不久即恢复原名，仍称挹江门并沿用至今。

1949 年 4 月，人民解放军跨越长江，解放南京。当人民子弟兵通过挹江门进入南京城区时，受到了南京市民的夹道欢迎，挹江门回到了人民的手中。

挹江门也曾是南京市主城区鼓楼区、下关区的分界，2013 年，两区合并为新的鼓楼区，挹江门与明城墙（鼓楼段）相辅相成、相得益彰，成为新鼓楼区的著名景点。

鼓楼公园位于南京城中心鼓楼岗，处在北京东路、北京西路、中山路、中山北路和中央路5路交汇处，占地面积23900平方米。鼓楼岗海拔40米，为钟山余脉，岗上建有明代鼓楼，公园因此而得名。

鼓楼，是鼓楼公园的主体，始建于1382年，为古时击鼓报时之场所，在此击鼓，鼓声可传遍全城。现鼓楼台墩仍为明代建筑，楼宇复建于清代，建筑面积880平方米，雄伟宏大，堪称全国鼓楼之最。整个建筑下层为砖石结构的楼座，又称台座，中间并列3道拱门，贯穿前后，左右两端各筑券顶，楼梯通道，上层为木结构重檐歇山式宫殿建筑，殿内树碑1通，康熙皇帝在1684年第一次南巡登鼓楼后，对当时两江总督王新命及大小官员进行教诲。康熙离宁后，王新命等将皇帝这次南巡圣谕，也即康熙对江宁（今南京）官员的训诫之词，勒石成碑，树于楼阁之中。此碑由碑额、碑身、龟趺3部分组成，碑通高5.4米，宽1.45米，厚0.39米，其中龟趺高1.25米，长2.15米，

宽1.50米，碑面向鼓楼，碑额镌蟠龙，正面中心刻篆体“圣谕”2字，亦称戒碑，如今碑体依然完好。600余年来，鼓楼虽历经数次维修，雄伟气势依旧，现为江苏省文物保护单位。

1923年，建立鼓楼公园，除明鼓楼外，园内广植花草树木，假山水池，布置井然。另建有八角亭1座。该亭高16米，内宽10米，八大飞檐，建造巧妙，外观精美，时称“齐氏寿亭”，南京解放后改称“乐之亭”。

1927年，国民政府定都南京后，这里曾作为中央研究院天文研究所的临时办公场所。1935年，市政府又在这里设立民众实验教育馆。1946年，国民政府还都南京，在此设立鼓楼公园管理所。南京解放后，鼓楼公园进行多次改造和扩建，成为南京著名景观。

鼓楼公园

下关火车站

下关火车站位于南京市鼓楼区下关龙江路 8 号。始建于 1905 年，后多有修建，如 1930 年和 1947 年的两次，现存建筑为 1947 年建造，杨廷宝建筑师设计，徐顺兴营造厂建造。下关火车站平面呈“U”字形，钢混结构，设有行包房、售票处、检票口、月台以及出入口，北侧还有贵宾室、邮件用房等。下关火车站其名也有多次变更，清末称沪宁铁路南京车站；国民政府定都南京后称南京下关车站；汪伪时期称南京车站；1950 年改为南京站。1968 年，位于玄武湖北的南京火车站建成并被定名为南京火车站，下关火车站由于位于城西北而改称南京西站。

下关火车站是一座拥有百年历史的老车站，它见证了南京一个世纪来的兴废、荣辱和沧桑。1912 年 1 月 1 日，孙中山由上海到南京就任中华民国临时大总统，便是在下关火车站下车，而后进入南京城的；1937年八一三淞沪抗战爆发到当年12月日军占领南京前夕，下关火车站的站台、候车室、售票处等都挤满了从前线运回的伤病士兵，国民政府卫生部门组织现场抢救。1945年日本投降后，大批日军俘虏滞留在下关火车站等待转运上海，遣送回国。1946年6月23日，上海市各界群众10万余人举行反内战、要和平的集会，并推选马叙伦、胡厥文、雷洁琼等11位代表组成的上海人民和平请愿团前来南京向国民政府请愿。当晚，请愿代表到达下关火车站，遭到伪装成苏北难民的暴徒的殴打，代表团团长马叙伦等多人，包括在场的记者都被打伤，直到午夜伤员才被送到中央医院。中共驻南京首席代表周恩来闻讯后，于凌晨2时从梅园新村赶赴医院，探望慰问受伤代表。值得一提的是，1948年3月29日，二战战犯、日本陆军大将冈村宁次在国民党军官的看押下，乘坐吉普车来到下关火车站，登上前往上海的火车，于1949年2月4日向到日本。

下关火车站是南京一处重要的民国文化建筑遗产，2006 年被列为南京市文物保护单位。

下关铁路轮渡桥位于南京市鼓楼区下关东炮台街。1930 年，国民政府铁道部在南京下关与浦口之间的长江上始建火车轮渡桥，1934 年 10 月建成，并引进“长江号”火车渡轮，至此，南京长江铁路轮渡正式通航。

当时，北京通往上海的铁路分为 3 段。北段为北京至天津段，1897 年至 1900 年建成；中段从天津到南京浦口，简称津浦铁路，1908 年动工，1912 年建成；南段从上海到南京下关，简称沪宁铁路，1905 年动工，1908 年建成。南京浦口与下关由于长江相隔，旅客均由渡轮转运。

1930 年 10 月，国民政府铁道部选定本部设计科长郑华所设计的活动引桥轮渡方案，即长江南北两岸各设一座引桥，过江由轮渡运送火车，极大地方便了运输。11 月，首都铁路轮渡工程处成立，郑华任处长，经过各方筹集经费和工程准备，12 月轮渡工程开工。引桥由英国多门浪公司承建，轮渡由马尔康洋行承造。轮渡桥为钢架结构，桥墩为混凝土结构，用铺有铁轨的巨轮渡运火车。1933 年 10 月，工程全面完工。建成后的下关铁路轮渡桥，桥身高 7.25 米，宽 6.2 米，临江桥端宽 14.44 米，可与船上轨道相接。从英国进口的渡轮“长江号”业已到达，“长江号”火车轮渡长 113.3 米，宽 17.86 米，载重 1550 吨，全船可载货车 21 辆或客车 12 辆。当月 22 日，铁路轮渡正式通航，京沪线和津浦线从此连接起来。1934 年，开通了从上海直达北京的火车，全程 34 小时，旅客乘火车从上海到北京，经过南京的铁路轮渡，无须再上、下火车即可过江了。

1968 年，南京长江大桥通车后，南京南北铁路接轨，并改名为京沪铁路，南北火车从南京长江大桥直接通过，下关铁路轮渡桥基本完成了它的历史使命，至 1973 年彻底停用，成为历史的遗迹。下关铁路轮渡桥见证了中国近代铁路的发展历史，具有重要的历史研究价值，现为南京市文物保护单位。

下关铁路轮渡桥

1949 年 4 月 23 日，人民解放军 35 军准备渡江解放南京，火车轮渡船发挥了重要的作用。在地下党南京市委的领导组织下，由于运载量大，一次能运载一个团的人马、大炮、战车等，火车轮渡船冒着飞机的轰炸扫射，往返不停运输，把停留在江北浦口一带的解放军 35 军部队送过长江，人民解放军浩浩荡荡进入南京城。抗美援朝期间，轮渡所实行两轮渡运制，工人每天渡运 40 渡次以上，到 1953 年 12 月创造了 24 小时航行 86 渡次的新纪录，受到了铁道部的奖励，到 1958 年 8 月渡量已增至 126 渡。1958 年 9 月后，上海江南造船厂陆续新建 3 艘新火车渡轮，3 艘新船性能好，航速快，很快使日渡量增至 155 渡，渡车 3414 辆，创历史最高纪录。火车轮渡成为南京地区铁路运输的咽喉。

1958 年 10 月 22 日下午，刘少奇由马鞍山抵达南京，视察南京铁路轮渡管理所，参观并仔细查看了下关的火车轮渡作业，鼓励大家再接再厉，在多拉快跑的同时注重安全生产。1962 年 12 月 15 日夜，毛泽东的专列上了江苏号渡轮，毛泽东还走下火车，察看了长江大桥选定的位置。1968 年 10 月，南京长江大桥开通，南京轮渡所撤销，长江上的火车轮渡渐渐退出历史舞台。

苏州旅京同乡会会所旧址

苏州旅京同乡会会所旧址位于南京市鼓楼区宁海路 26 号。该建筑建于 1934 年，院落占地面积 990 平方米，建有砖木结构的西式楼房 1 幢，建筑面积约 500 平方米，坐北朝南，高为三层，米黄色外墙，平顶，系由苏州旅京人士集资建造。该建筑左侧墙上嵌有小碑 1 块，上刻“苏州旅京同乡会会所奠基之石，民国二十三年七月吴县叶楚伧”字样，为国民党元老叶楚伧撰题。南京解放后，该处由政府代管，现为居民住宅。

1934 年初，由叶楚伧、徐谟、侯家源、钱大钧、朱雷章等共同发起成立苏州旅京同乡会，确定地址后开始筹款，于当年 7 月奠基动工，是年 12 月 9 日落成。

该建筑竣工后，在此召开了苏州旅京城同乡会成立大会，并选举叶楚伧、候家源、徐谟 3 人为常务理事；汪叔梅、汪东、汪典存、吴梅、江政卿等为理事；朱雷章为常务监事；钱大钧、黄仁霖等任监事；朱雷章、钱大钧、黄仁霖 3 人共同负责经济出纳和最后签证；曾任伪中央候补监察委员、中央党部秘书处总务处处长的沈君淘为苏州旅京同乡会负责人。在成立大会上，冠盖云集，其中尤以吴县籍人为最多，昆山、常熟、吴江等地旅京知名人士也多有参加。之后，苏州旅京同乡会各类活动频繁。理事会、监事会频频召开，研究决定活动事宜，并常在会所举办书画会、交谊会、叙餐会等。早在苏州旅京同乡会会所落成典礼之日，就举办了书画展览，这场书画展佳品俱呈，琳琅满目，除苏州正社书画会画家的作品外，宋、元、明、清代名家大作都有，古画有宋院本桃花鸳鸯、元吴仲圭山水、明唐寅山水、仇十洲人物山水及清王时敏和吴历等的作品，皆为名贵之作。

首都饭店旧址

首都饭店旧址位于南京市鼓楼区中山北路 178 号，现为华江饭店。

首都饭店始建于 1932 年，竣工于 1933 年，华盖建筑师事务所童寯设计，占地面积 1376 平方米，建筑面积 926 平方米，工程造价 20.72 万元。整个建筑为钢筋混凝土结构，采用西方现代派造型，根据建筑功能与所处地形的特点，平面布局比较灵活，大楼平面呈“7”字形，周围用名贵树木点缀园景，正面为椭圆形广场，中部设有花坛；建筑物后面设有两个标准的网球场。大楼主体中部为厅楼，中间高四层，两翼为三层。立面主要以窗和墙体组成线条，构思新颖，简洁明快，在同期建筑中独领风骚。饭店共有客房 50 余间，每间均有浴室，每层的东南隅还备有特等房间。底层设有大穿堂、大客厅、大小餐厅、酒吧、发廊等。顶层有阳光室、聚会室、阳台及平台花园。附属建筑及服务设施布置在大楼西侧，大楼东侧均为客房。目前，该建筑保存状况很好，1992 年被列为南京市文物保护单位，2006 年被列为江苏省文物保护单位。

首都饭店是民国时期最豪华的涉外宾馆之一，常作国民党要员及国外宾客的下榻之处。抗战期间，这里成为侵华日军上海派遣军司令部，1949 年后改为南京军区第二招待所，1989 年改名为华江饭店。1996 年和 2004 年进行两次较大规模的修缮，并在大门两边增建长廊，2003 年被南京旅游局评为“三星”级旅游饭店。

华侨招待所旧址

华侨招待所旧址位于南京市鼓楼区中山北路 81 号，现为江苏议事园。

该建筑始建于 1930 年，1933 年竣工，著名建筑学家范文照设计。建筑坐西朝东，楼高三层，建筑面积 5000 平方米，钢筋混凝土结构，庑殿坡顶，中式立柱，入口设卷棚顶抱厦，雕漆画栋，飞檐翘角，中国宫殿园林式传统古典风格。华侨招待所共分三层。第一层是礼堂、会客室、阅报室、休息室、弹子房、游艺室、会食堂；第二、三层是宿舍、浴室、厕室等，新闻中常形容房间设备“至为完美”。2006 年，该建筑被列为南京市文物保护单位，目前保护状况良好。

华侨招待所落成典礼时，蒋介石、陈果夫等人均到场庆贺，并有来宾五六百人，场面盛大空前。蒋介石在会上致辞说：“总理革命四十年，得侨胞赞助之力颇多”，“政府奠都南京后，无时无刻不以侨胞为念”，“希望以后侨胞更能拥护中央。”抗战胜利后，这里一度为前进指挥所所在地。前进指挥所从成立到中国战区日本签字投降仪式结束，前后存在虽然只有 10 多天时间，却在与冈村宁次会谈、传达中国陆军总司令部命令以及筹备中国战区日本投降签字仪式方面做了重要工作，发挥了巨大作用。华侨招待所作为前进指挥所驻地，也就成为具有历史纪念意义的场所。

1947 年后，这里被曾任侨务委员会委员长的国民政府立法院副院长吴铁城改为营业性机构，成为首都南京接待外交人员的涉外宾馆之一，也是当时党政军商名流汇聚之场所。1949 年 4 月 23 日南京解放后，刘伯承、宋任穷等中共高级领导人先后在此接待科学文化和工商界代表，宣传中共中央的方针、政策。后此处相继改为江苏省招待所、省人大常委会办公楼，后又更名为江苏议事园并沿用至今。

福昌饭店旧址

福昌饭店旧址位于南京市鼓楼区中山路 75 号。

该大楼始建于 1933 年 9 月，耗资 250 万银元，华盖建筑师事务所设计营造，上海设计院总工程师、著名设计师陈竹楠主笔，顺源营造厂承建。建筑主体坐西朝东，高六层，砖混结构，占地面积 248 平方米，建筑面积 1488 平方米，大楼底层为大厅，二楼为客厅，顶层为餐厅，其他为客房。饭店内安装着由美国奥的斯（OTIS）公司制造的最新手摇式电梯。平面布局根据现有地形设计成梯形。迎街立面采用空出线条装饰，通过组合钢窗和墙体，构成竖向线条，给人以高耸挺拔、简洁明快的感觉，是 20 世纪 30 年代西方现代派建筑的代表作之一。其中电梯的使用在南京的民国建筑中时间最早。建筑物内部车库、餐厅、客房等功能设施一应俱全，是民国时期南京的著名宾馆之一。2006 年，该建筑被列为南京市文物保护单位。

福昌饭店系民国时期南京市的最高饭店。1932 年，由浙江著名富商丁福成兄弟出资，与德国洋行合资在南京市新街口北侧筹建，寓“福泽四海，昌隆四方”之意，故命名为“福昌饭店”。1935 年建成后正式开业迎宾，轰动南京。1937 年抗战全面爆发后，日军兵临南京城下，福昌饭店成了南京保卫战的一处指挥中心。抗战胜利后，中方代表曾与日军将领松井石根在此谈判在华日军的投降事宜。国民政府还都南京后，福昌饭店作为军队高级军官俱乐部，白崇禧、薛岳、陈诚、顾祝同等都曾在此宴请或议事。在国民政府竞选副总统期间，福昌饭店又成了李宗仁的竞选总部。

南京解放后，福昌饭店被南京市政府交际处承租，用作重要宾客的接待场所，先后接待过黄炎培、华罗庚、溥仪、溥杰、杜聿明以及卢森堡大公等重要的中外宾客。1966 年，该建筑改名为胜利饭店；1993 年，该店恢复旧名，并由著名书法家尉天池书写店名。目前，该店由中心大酒店管理使用，以淮扬菜、蟹黄汤包见长，并以经营“民国菜”而闻名远近。

扬子饭店旧址位于南京市鼓楼区宝善街 2 号。

旧址建筑始建于 1912 年，由法国人法雷斯（另一说是英国人）设计并主持建造，1914 年建成。建筑坐北朝南，面阔 34 米，进深 28 米，总计 82 个房间，占地面积 3000 平方米，建筑面积 2429 平方米，地上三层，地下一层，砖木结构，有方底台式屋顶及高低错落的老虎窗。整幢建筑以明代城墙砖为主要建筑材料，并按照西洋圆拱发券方式砌筑，外观雄伟朴实，内部豪华气派，欧洲折衷主义建筑风格。1992 年被列为南京市文物保护单位，2002 年被列为江苏省文物保护单位。2015 年进行大规模修缮，使之焕然一新，笑迎游人。

史料记载，1911 年辛亥革命光复南京之役时，明故宫遭到毁坏，大量明城墙城砖被拆卸贩卖，法雷斯趁机购买城砖建房；民国政府参议院参政张謇也通过关系购买大量城砖，运到南通用于自己的棉纺仓库建设；同时期南京建造的马林医院的底层以及金陵大学的北大楼和大礼堂等建筑，也都是用城砖建造的。

这幢洋楼在 1914 年建成，称为“法国公馆”，是欧洲折中主义建筑样式的“简化版”，洋溢着浪漫典雅的风韵。法雷斯还从明故宫遗址上拆下 7 块石雕连同 3 只石狮子盗运到“法国公馆”，将石狮子安置在门口，石雕用来装饰花园墙壁。1956 年市文管会在普查时发现，被重新运回明故宫遗址，安放在午朝门公园内。1921 年，法雷斯病逝，其妻李张氏继承此楼遗产，改嫁英国人柏耐登并入英国国籍，法国公馆从此就由柏耐登经营。国民政府定都南京后，柏耐登将洋楼改名为扬子饭店。作为下关地区为数不多的高档饭店，这里接待过不少国民党要员和知名人士。1929 年，国民政府为孙中山先生举行奉安大典时，这里成为国民政府外交部指定招待中外专使的饭店之一；宋庆龄在 1933 年亲赴南京营救陈赓、罗登贤等人时，还下榻于扬子饭店。

南京解放初，扬子饭店还在断断续续经营，直到 1950 年歇业，房屋由南京市政府交际处租用。因柏耐登、李张氏先后去世未有人继承，1968 年经上海高级人民法院判为绝产，遂由南京市房管局接收。

扬子饭店
旧址

中国银行南京分行下关办事处旧址

中国银行南京分行下关办事处旧址位于南京市鼓楼区大马路66号。

该旧址建筑建于1923年，占地面积1724平方米，建筑面积2047平方米。主楼坐北朝南，平面呈“凸”字形，钢筋混凝土结构，楼高三层，地下室一层。基座为花岗岩，墙壁为水刷石面。建筑平面分为3段，左右对称，中间为从底部直达二楼的6根高人粗壮的爱奥尼亚柱，顶部设有一个八面体的钟楼，四面拱形开窗，寓意面向四面八方之意。一层为拱形窗，二、三层为长方形窗。顶部石台、外部檐口、门楣等处塑有图案精美水刷石浮雕，石柱顶部雕刻水波花纹，图案简约精美，整体建筑风格体现出典型的西方古典主义，2006年被列为江苏省文物保护单位。

中国银行成立于1912年1月24日，由孙中山先生下令批准成立，其前身是1905年清政府成立的户部银行（1908年改称大清银行）。1912年2月，大清银行南京分行改为中国银行南京分行，地址在白下路23号，同年12月撤销。1914年1月3日，中国银行南京分行再度成立，仍在原址。1923年在下关设立办事处，此大楼建成后，中国银行南京分行即迁此处办公，抗战期间停业，抗战胜利后复业直到南京解放。1955年，该建筑分配给南京市河床试验站使用，现为长江水利委员会水文局、长江下游水文水资源勘测局使用。

中国国货银行南京分行旧址

中国国货银行南京分行旧址位于南京市鼓楼区中山路 19 号。

该旧址建筑始建于 1934 年，公利建筑工程公司建筑师奚福泉设计，成泰营造厂承建，1935 年 4 月开工，1936 年元月竣工，占地面积 1920 平方米，建筑面积 4022 平方米。大楼坐西朝东，地上五层，地下一层，钢筋混凝土结构，外观对称，入口处为大门廊，建有 8 根方形混凝土立柱，上接挑台石栏，下部为承台式仿石柱础。大楼的底层为大厅，设有办公银柜、经理室、会客室等。二至五层平面布局相同，中部为大天井采光，天井周围为内廊和办公室。

大楼外墙采用人造石饰面，整个建筑立面庄重坚实，具有现代建筑特征。同时，这幢建筑物的拼花窗棂、花格钢窗以及顶部的水泥塑饰等，均带有中国传统式的装饰，同时采用现代建筑的平面组合与梯形构图，在局部又重点施以中国传统构建装饰，并辅以适当的传统花纹图案，“综合现代建筑之趋势而仍不失中国原来之风味”，堪称中国近代建筑史上“新民族建筑形式”的重要范例，是当时南京最高的建筑。1992 年中国国货银行南京分行旧址被列为南京市文物保护单位，2002 年又被列为江苏省文物保护单位。

中国国货银行是孔祥熙、宋子文所创设，系官商合办的银行，1929 年 11 月 1 日成立于上海，总行设在上海，与四明银行、中国实业银行、中国通商银行合称为“小四行”。它除了经营存款、放款、汇兑、信托等商业银行业务外，还兼营投资事业。1930 年 12 月 1 日在南京设立支行，次年 7 月改为南京分行，1937 年 11 月 24 日迁往武汉，1938 年 5 月迁往上海。抗战胜利后迁回南京中山路原址，1949 年 6 月歇业。1952 年，中国通商、四明和中国实业 3 家银行，经上海市军事管制委员会派出军事特派员进行监督，实行公私合营，接收其官股部分成为公股，派出公股董事，同私股推出的代表一起组成新的董事会继续营业，中国国货银行则由于账目混乱、账册不全、资金外流而无法复业，予以结束清理。至此，“小四行”的称呼也就成为历史。该建筑后为南京市邮政局管理使用，现为南京市邮局新街口支局。

国民政府新华银行办事处旧址位于南京市鼓楼区珞珈路 25 号。

该旧址建筑建于 1934 年，院落占地面积 1668.8 平方米，建有砖木结构的西式楼房 1 幢、平房 2 幢，建筑面积 526.4 平方米，原产权属新华银行，以王志丰名义购买。主楼坐北朝南，米黄色拉毛外墙，四坡顶大屋架，青瓦带老虎窗，南侧 楼突出门厅，上带露天阳台，土楼东侧一楼大门出入，东侧平房 1 幢，东北侧平房 1 幢。1957 年后，由江苏省委统一使用，目前保护状况较好。

国民政府新华银行办事处旧址

新华银行于1914年在北京成立，原名新华信托储蓄银行，是中国最早的储蓄银行。后来，新华储蓄银行总行迁往上海。1934 年，新华信托储蓄银行南京分行在大行宫 255 号开业，并在城北、城南、孝陵卫设立办事处，珞珈路 25 号建筑就是此时建造或购买的，成为银行城北办事处。抗战期间迁至汉口，抗战胜利后在中山东路 55 号复业，1948 年易名为新华信托储蓄商业银行，是当时誉满上海的“南四行”之一。1947 年，新华信托储蓄商业银行在香港设立分行。1951 年，“南四行”参加金融业公私合营；1952 年，与其他商业银行合组成统一的公私合营银行；1980 年 10 月，该总行改称新华信托储蓄商业银行总管理处并迁址北京。

1989 年 4 月，新华信托储蓄商业银行接受中国银行投资，成为中国银行的全资附属企业。1990 年后，原中国银行大厦改为该银行使用，并易名为新华银行大厦。2001 年，包括新华银行在内的 13 家银行，合并成为中国银行（香港）有限公司，简称中国银行（香港）或中银香港。

中国银行宿舍旧址

中国银行在南京市鼓楼区有 2 处宿舍楼，分别位于江苏路 73 号和宁夏路 9 号。

中国银行成立于 1912 年 1 月 24 日，由孙中山批准成立。其前身是 1905 年清政府成立的户部银行（Ta Ching Goverment Bank，1908 年起改称大清银行）。1912 年 2 月，大清银行南京分行改为中国银行南京分行，地址在白下路 23 号，同年 12 月撤消。1914 年 1 月 3 日，中国银行南京分行再度成立，仍在原址。抗战期间，中国银行西迁武汉，后来辗转香港到上海，并在法租界设立办事处。1943 年 9 月，汪伪中国银行南京分行在建康路 203 号开业。1946 年 10 月，中国银行南京分行迁回南京，接管汪伪中国银行南京分行和南京日本横滨正金银行后复业；次年 4 月 1 日，迁回白下路原址办公；1949 年 5 月，由南京市军事管制委员会接管。

江苏路 73 号宿舍楼是 1912 年至 1937 年间购地建造，当时为职工宿舍。院落占地面积 1935 平方米，建有砖木结构楼房 1 幢、附属楼房 1 幢、平房 2 幢，另有门卫 2 间，建筑面积 648.8 平方米。主楼坐北朝南，高为二层，下部红砖，上部米黄色拉毛外墙，坡顶红瓦，建筑面积 419.9 平方米。平房 2 栋 5 间，均为米黄色外墙，坡顶青瓦，带老虎窗，并有联廊连接主楼，北侧附属楼 1 幢，东侧大门两边均有约 6 平方米红砖平顶半圆形门卫房。西北侧另有水井 1 口及压水机水泥石座。1951 年核资价拨给中国人民银行江苏省分行，后与省级机关其他几处房产交换使用，并核定其房产权为江苏省机关事务管理局所有。

宁夏路 9 号宿舍楼建于 1937 年，院落占地面积 1069 平方米，建有砖木结构西式楼房 1 幢、附属小楼 1 幢、平房 2 幢，建筑面积 364.9 平方米。主楼坐南朝北，高为三层，一楼红砖，二、三楼为水泥拉毛外墙，南立面二楼有一小露天阳台，木制门窗，正门大门上还带有原银行标志，建筑面积 284.4 平方米，产权为国民政府中国银行所有。南京沦陷期间，此处为汪伪中国银行宿舍。南京解放后，拨给中国人民银行江苏省分行使用，并核定其产权。

中央银行宿舍旧址位于南京市鼓楼区将军庙 40 号和三步两桥 3 号；中央银行高级职员宿舍旧址位于马家街 47 号和中央路 331 号。

将军庙 40 号建筑建于 1948 年，是一排南北排列的 7 幢民国建筑，总建筑面积 5901 平方米。7 幢民国老房子均高三层，西式风格，大坡顶式，坐北朝南，砖混结构，青色瓦面，水泥外墙，木制门窗，带有壁炉。建筑群为国民政府中央银行职员宿舍楼，但建成后尚未进驻，南京即已解放，遂由解放军某部接管，目前仍保存完好。

三步两桥 3 号建筑由开林营造厂建造，1948 年 12 月 2 日完工验收，院落占地面积 1309.9 平方米，有编号甲、乙、丙共 3 幢楼房，全部坐北朝南，高为三层，红砖水泥交错外墙，坡顶青瓦带壁炉，木制门窗。房屋占地面积 958.4 平方米，建筑面积 2875 平方米，新中国成立后由政府接管，部分由三野政治部使用，部分由中国人民银行江苏省分行使用，目前使用单位为东部战区。

马家街 47 号是一处独立院落的西式风格建筑群。该建筑群始建于 1948 年，原系国民政府中央银行高级职员宿舍，楼内的许多设施均有民国年间中央银行的徽标。该建筑群现有民国时期建筑 4 幢，均坐北朝南，现开大门朝北，楼高三层，大坡顶构架，砖混结构，米黄色外墙，青色瓦面，木制门窗，每幢楼均有两圆柱支撑突出平顶门廊，总建筑面积约 9690 平方米。目前，该建筑仍保持着原有的建筑风貌，现为中国药科大学使用。

位于中央路 331 号的原国民政府中央银行高级职员宿舍，在原南京汽车制造厂厂区东侧，该建筑群共有主楼 4 幢，均坐北朝南，西式风格，砖混结构，楼高三层，分别呈南北排列。每幢楼均为黄色外墙，坡顶青色，呈东西构建，建筑总面积 8400 平方米。新中国成立后为南京汽车制造厂（第三汽车制造厂）使用，现为东华公司使用。

国民政府中央银行成立于 1928 年，总行设在上海，资本为 2000 万银元，业务方针是发行钞票、代理国库、调剂金融、管理外汇和支应军政用款。该行为发行银行，是国家银行，地位非同一般。同年 11 月，中央银行南京分行租赁建康路江苏银行房屋开业。1931 年 10 月，迁入建康路 205 号。南京沦陷前，奉命撤退。1945 年 9 月复业，着手清理汪伪金融机构，恢复金融秩序。1946 年，中央银行南京分行与金城银行南京分行相互对租房屋；同年 11 月，金城银行南京分行迁至建康路 205 号，中央银行南京分行迁至鼓楼新落成的金城大楼。

金城大楼位于中山北路 2 号，建于 1946 年，由上海申泰营造厂承建，地上四层，地下一层，门厅高五层，钢筋混凝土结构。中央银行南京分行迁至金城大楼后，在 1948 年开始在将军庙 40 号建造宿舍楼。

1949 年 4 月，南京解放，中央银行由南京市军事管制委员会接管。金城大楼先改为鼓楼食品商店，后改为上海浦东发展银行，2001 年 5 月被拆不存，但 7 幢宿舍楼仍保存完好，现为解放军某部使用。

中央银行宿舍旧址

中南银行宿舍旧址

中南银行宿舍楼旧址位于南京市鼓楼区宁海路 6 号。

中南银行成立于 1921 年 6 月，总部设在上海汉口路 110 号，与盐业银行、大陆银行及金城银行合称“北四行”。1929 年中南银行在白下路太平路口设立南京办事处，1933 年 8 月改为南京支行，1936 年在颐和路片区购地建设宿舍楼，南京沦陷前迁至武汉。抗战期间，中南银行南京分行大楼成为汪伪政府实业部办公大楼，颐和路片区的宿舍楼也为其占有。

这幢宿舍楼建于 1936 年，院落占地面积 845.53 平方米，建有砖木结构的西式楼房 1 幢、平房 3 幢，建筑面积 450.6 平方米。主楼坐北朝南，黄色拉毛外墙，假三层，尖顶红瓦，一楼南侧走廊，中间拱形大门，东西侧屋顶相同，院内另有 1 座防空洞，建筑面积 326.4 平方米。1951 年某部队购得该处房产，1990 年当时的南京军区司令部取得所有权。目前，该建筑基本保持原有的建筑风貌。

南京招商分局旧址

南京招商分局旧址位于南京市鼓楼区下关江边路 24 号。该建筑由杨廷宝按船型设计，1946 年开始建造，1947 年投入使用。整个建筑坐东朝西，钢混结构，中区 4 层，南北两侧均为三层，被称作“船型巨厦”，矗立江边，十分壮观。该建筑为研究民国建筑和南京水运史提供了实物资料，2006 年被列为南京市文物保护单位。

1872年，李鸿章奏呈清廷批准设立招商局，以办轮运业实现“自强求富，振兴工商”，招商局因此也成为洋务运动创办的第一家民族工商企业。招商局创办后，购置轮船，组建商运船队，并从1873年起开辟了以上海为中心的长江商业航线和近海商业航线，之后又开辟了远洋航线，开航日本、东南亚、英国、美国等地。至1947年，招商局轮吨位占全国船舶总吨位40%，成为国家轮航公司。有评价说：“招商局的创立，不仅开创了中国近代民族航运业，而且开启了一个新的经济时代。”

招商局自 1873 年在上海成立后，即在南京下关设立轮船客运机构——棚厂，当时隶属于镇江招商局管辖。棚厂的设立大大方便了乘轮船的旅客。1882 年，招商局在下关现 5 号码头处建设了南京第一座轮船码头，并命名为“功德船”。该码头的运营，使招商局在此后的 10 余年间都处于优越的经营地位。1899 年南京开埠，招商局在南京下关设立分局，即为当时的候船处。由于外国船商的打压，南京招商分局经营惨淡，状况不佳。1937 年日军占领南京，招商分局撤离下关。

1945 年抗战胜利后，南京招商分局迁回南京，并在接收日伪产业后拥有 5 座码头。1949 年南京解放，招商局收归国有，并在此基础上成立了南京港务局。

和记洋行旧址

和记洋行旧址位于南京市鼓楼区下关宝塔桥希捷168号。1911年，应该伦敦合众冷藏有限公司（又名万国进出口公司）老板韦斯特兄弟派大班马凯司（Mackeiyie）、买办韩永清和罗步洲到南京，在下关金川河两岸一带征地600亩，筹建江苏国际出口有限公司，俗称英商南京和记洋行，简称和记洋行、和记蛋厂。当时，合众冷藏有限公司在中国创建有多个洋行，统称和记洋行，其中尤以南京的和记洋行规模最大，也是当时中国最先进的食品加工厂。和记洋行于1912年开工建厂，姚新记营造厂承建，多为钢筋混凝土结构建筑，1913年正式开业，下设制蛋厂、杀猪厂、宰牛厂、鸡鸭加工厂和冷气库等。

和记洋行发展迅速，从最初的几幢白铁皮平房，至1922年已发展为占地52公顷，下关宝塔桥地段金川河南岸，东至二仙桥，西至老江口，均为和记洋行所占。每年生产旺季，日宰生猪3000头，加工鸡鸭2万只，蛋制品产量100吨，最高达300吨，年产量5万吨，雇佣中国工人达四五千人，最多时竟达万余人。

1956年，国家商业部通过投资，在和记洋行的废址上建成南京肉类联合加工厂。经过几十年的发展，该厂生产加工的肉食品远销海内外，多种产品被评为国家优质产品，并荣获多种奖章。

和记洋行建成后，中国工人每天工作时间长达10小时以上，工资很低，且经常受到打骂，没有人身自由。“和记下关惨案”就是英商动用英舰海军陆战队开进工厂枪杀中国工人暴行的铁证。在共产党的领导下，和记洋行的工人运动如火如荼，轰轰烈烈。邓中夏就曾说：“和记蛋厂罢工是南京反帝国主义运动的最壮烈的一举。”

和记洋行时期的建筑，多为钢筋混凝土结构，其中四至六层的建筑物有多座，小铁路、码头以及原英国老板住宅楼等留存至今；其机房内现仍留有从前苏联、英国、丹麦等国家进口的机器，而现在使用的机器则多为上世纪70年代的大连生产。和记洋行在南京民国时期工业遗产中最具有代表性，具有较重要的历史地位，对于研究中国民族工业的产生和发展，以及研究中国工人阶级反对帝国主义压迫的斗争史都有着重要的价值和意义，其旧址于2002年被列为江苏省文物保护单位。

亚细亚火油公司旧址位于南京市鼓楼区察哈尔路 90 号，在南京市鼓楼区虎踞北路西侧。

察哈尔路北侧，有一座走向呈“丁”字形、海拔 36 米的小山，名为丁山，山上现有　家星级宾馆，即丁山宾馆。该宾馆院内，还保存着由英国、荷兰等国建造的不同建筑风格的 8 幢别墅式建筑及附属设施，占地约 130000 平方米，建筑面积 7200 平方米，曾是亚细亚火油公司、英商太古股份有限公司、怡和洋行、熙中烟草公司等商务办事机构。而丁山宾馆则是以后在此基础上扩建和再建的。亚细亚火油公司办事处建筑，始建于 1928 年，坐北朝南，砖混结构，米色加红砖外墙，坡顶青瓦，假三层，内有壁炉，外有老虎窗。

亚细亚火油公司是当时南京石油市场上三大垄断洋行之一。鸦片战争后，“洋油”涌入南京市场。1918 年，美孚石油公司最先在南京设分支机构。1921 年和 1923 年，亚细亚火油公司和德士古公司先后在南京设立分支机构，这3家洋行共同占有南

亚细亚火油公司
旧址

京地区的石油市场。抗战时期，亚细亚火油公司等 3 家石油公司的业务均遭到日军不同程度的破坏。1937 年，亚细亚火油公司撤离南京，1938 年又在南京复业。1941 年珍珠港事件后，日军将亚细亚火油公司等在宁外籍职员送至上海集中营关押，致使公司遭到停业，日商从而得以控制南京石油市场。1945 年抗战胜利后，亚细亚火油公司等 3 家洋行外籍职员逐渐返回南京。

1950 年，南京市军管会委派中国石油运销公司南京营业所接收了石油洋行的南京资产；5 月，又征用了亚细亚火油公司的财产。至此，亚细亚等外国石油公司在南京销售石油的历史即告结束。

亚细亚火油公司等英、美石油公司对中国抗战给予过一定的帮助。在南京保卫战中，亚细亚火油公司曾两次捐献航空汽油。南京沦陷后，亚细亚等英商公司特准溃散守军官兵通过丁山通道去山后城墙出逃。亚细亚火油公司还通过印度、缅甸等陆路，向中国供应战时不可或缺的燃油及石油产品，直到抗战结束。

1949 年后，此处曾作为江苏省委干部疗养院，因地处丁山，故又称丁山疗养院。1977 年，江苏省革委会外事组接收该处并改建为丁山宾馆，正式接待外宾。丁山宾馆以菜肴制作精美而闻名海内外，素有“食在丁山”之誉。

北河口水厂位于南京市鼓楼区水厂街7号，是南京市最早的自来水厂，也是供给目前南京生活用水最大的水厂。

北河口水厂始建于1929年8月。1930年3月，南京市政府成立自来水筹备处并开始工程建设，当时设计供水能力为4万吨/日。1933年4月，依《局部供水计划》建成出水，并向市区供应自来水。因快滤池还未建成，所供之水仅为一般净化水。南京沦陷期间，由日本人续建完成快滤池工程，自1941年9月开始供应二级净化水。抗战胜利后，经1947年至1948年扩充，北河口水厂制水能力已达到6万吨/日。

南京解放后，经过1987年至2006年的6次挖潜改造，制水能力从30万吨/日达到总规模120万吨/日，北河口水厂进入大型水厂的行列，担负着南京市区55%的供水，出厂水质高于国家饮用水标准。

北河口水厂是由中国人在参照当时欧美各国最新自来水厂设施的基础上自行设计建造的，当初除主要机泵电器、管材、水表购自德、法等国外，其余工程均通过招标而由南京、上海等地实力较强的十几家营造企业中标承建，开创了我国独立建设现代自来水厂的先河。

北河口水厂

南京污水处理厂旧址

南京污水处理厂旧址位于南京市鼓楼区江苏路20号。

为对颐和路、江苏路一带约 0.33 平方公里面积内的公馆住宅和部分外国使馆的生活污水进行处理，南京市政府于 1936 年投资近 2.6 万美元，在该处建成南京市新住宅去氧气化粪厂，即污水处理厂，这是南京历史上的第一座污水处理厂。该厂占地面积3000平方米，由美商设计，南京特别市政府工务局下关道路工程处承建。工程采用二级生物化学处理工艺，由进水井、汲水井、粗渣沉淀槽、初步沉淀池、氧化池、末步沉淀池、干渣场及鼓风机房等 8 部分组成。该厂建成后，日处理生活污水 1000 吨，日军占领南京时，该厂停产。抗战胜利后重新启用，但因费用拮据，时开时停，南京解放后，运转一度正常。“文革”期间，污水处理厂停用。该处现仍存有 1 幢楼房，建筑面积约 350 平方米，做办公使用。

1978 年，南京市在此成立排水管理处，陆续兴建了江心洲和下关两处大型污水处理厂。

下关发电厂旧址

下关发电厂旧址位于南京市鼓楼区中山北路576号。1919年11月，省城总商会在下关的商董窦铸秋、李应南等人联合向内务部呈文提出建设建议。1909年，南京就在内秦淮河东岸的西华巷南段建设了电厂，1912年1月改名为江苏省立南京市电灯厂。之所以要求在下关再建电厂，是因为省立南京市电灯厂通往下关一线“尤为黑暗”，往往是供应不达，以至“电灯失明”。而下关时为商埠，商店千家，“皆需用电灯”，所以在下关建设电厂成为当务之急。

下关发电厂于1920年初动工兴建，其址选定在今公共路一带。是年5月，安装美国制造的1台1000千瓦汽轮发电机和一台水管式锅炉，是年10月正式发电。下关发电厂时名为江苏省立南京电灯厂下关发电所，而南京之前建设发电的电厂名为江苏省南京电灯厂西华门发电所。下关发电所的建成，改善了下关地区的供电落后状况，而且还向城区送电。

1927年4月，国民政府定都南京。1928年4月，电灯厂由国民政府建设委员会接管。1929年3月，建设委员会决定扩建下关发电所。扩建工程于1930年12月开始，厂房建成后，1931年底安装2台德制5000千瓦汽轮发电机，即1、2号机；2台德制蒸发量为28吨/时的锅炉，即1、2号炉。1932年2月，所有设备安装完毕试运行，4月全部正式发电。至此，西华门发电所全部停机，全市电力均由下关发电所供应。1934年4月开始扩建厂房，1935年4月增加2台德制1万千瓦汽轮发电机，编号为3、4号机，2台美式蒸发量为50吨/时的锅炉，编号3、4号炉。

1936年11月和1937年秋，先后扩建的4台机组全部发电，1937年发电量为8755万千瓦时，后期工程由电厂总工程师陆法曾全权负责，无一外国人插手，为我国电力史上的创举。

抗战之初，日机曾多次轰炸电厂。南京沦陷后，电厂的45名工人被日军杀害。抗战胜利后，厂方为悼念死者，教育后人，建立了“殉难工友纪念碑”。新中国成立后，下关发电厂先后两次重建纪念碑，碑上刻着45名死难工人的姓名。

在中国人民解放军跨越长江解放南京之际，下关发电厂的“京电”号小火轮为迎接解放军渡江发挥了重要作用。1949年4月23日晚，在南京地下党组织的安排下，“京电”号小火轮开赴长江北岸，迎接解放军60余名官兵抵达南岸，在下关码头登陆。期间，“京电”号小火轮共运送3批解放军官兵抵达南岸。4月27日，邓小平、陈毅等领导也是乘“京电”号小火轮过江进入南京城的。“京电”号因此也被称作“渡江第一船”。

新中国成立后，下关发电厂进行过多次扩建和技术改造，新世纪下关发电厂进行搬迁，其规模又有进一步扩大。而下关发电厂作为中国近现代工业发展进程的见证者，其原厂址的码头部分已改建为博物馆。

位于南京市鼓楼区下关热河南路三汊河南街。该建筑建于民国时期，具体年代不详，是当时南京三汊河地区变电站，担负着三汊河地区居民用电以及有恒面粉厂用电。该建筑长14米，宽10米，高6.5米，底层砖混结构，红砖砌筑，平顶，坐东朝西；原还有院落，现已拆除，并改为供电局职工住宅用房。此处民国建筑为第三次全国文物普查新发现，尚未核定为文物保护单位。

三汊河民国变电站旧址

煤炭港油库旧址

位于今南京市鼓楼区下关煤炭港5号（南京普迪混凝土有限公司内）。该建筑建于民国时期，砖混结构，平面呈圆形，直径约7米，高约6米，内部有柱支撑。整体结构圆柱形，由上到下五层，上端直径略小，外墙为青砖砌筑。原建有多座，现仅存此一座，保存完好，具有一定的历史价值，是第三次全国文物普查新发现。